1초 만에 답이 투

서

징검다리 교육연구소
강난영, 이은영, 정미란 지음

# 바쁜 초등학생을 위한 빠른 구구단

이지스에듀

징검다리 교육연구소의 대표 저자

강난영 선생님은 영역별 연산 훈련 교재로, 연산 시장에 새바람을 일으킨 ≪바쁜 5·6학년을 위한 빠른 연산법≫, ≪바쁜 중1을 위한 빠른 중학연산≫을 기획하고 집필한 저자이다. 또한, 20년이 넘는 기간 동안 디딤돌, 한솔교육, 대교에서 초중등 콘텐츠를 연구, 기획, 개발해 왔다.

이은영 선생님은 수학을 전공하고 25년 동안 수학 교육에 관련된 다양한 교재를 기획, 편집, 집필하며 수학 교구 개발, 체험전시회 기획 등을 해 왔다. 10년 넘는 기간 동안 EBS 수학교재 편집자, 프리 CP로 〈수능의 감〉, 〈파이널〉, 〈수학의 왕도〉 등을 진행하였다.

정미란 선생님은 연세대학교에서 수학을 전공하고, 책을 사랑하는 마음으로 초·중·고 교재의 기획, 편집, 집필을 해 왔다. '개념'과 '문제' 사이의 동반 상승 효과와 학생들에게 도움이 되는 수학 책을 개발하고자 노력하고 있다.


## 바쁜 초등학생을 위한 빠른 구구단 – 곱셈구구 훈련서


초판 19쇄 발행 2024년 9월 18일
지은이 징검다리 교육연구소 강난영, 이은영, 정미란
발행인 이지연
펴낸곳 이지스퍼블리싱(주)
출판사 등록번호 제313-2010-123호
주소 서울시 마포구 잔다리로 109 이지스빌딩 5층 (우편번호 04003)
대표전화 02-325-1722 팩스 02-326-1723
이지스퍼블리싱 홈페이지 www.easyspub.com 이지스에듀 카페 www.easysedu.co.kr
바빠 아지트 블로그 blog.naver.com/easyspub 인스타그램 @easys_edu
페이스북 www.facebook.com/easyspub2014 이메일 service@easyspub.co.kr

기획 및 책임 편집 강난영, 이은영, 정미란, 박지연, 조은미, 정지연, 김현주, 이지혜 그림 김학수
표지 및 내지 디자인 이유경, 정우영 전산편집 아이에스 인쇄 보광문화사
영업 및 문의 이주동, 김요한(support@easyspub.co.kr) 독자 지원 오경신, 박애림 마케팅 박정현, 한송이, 이나리





ISBN 979-11-6303-006-5 63410
가격 9,000원

# 1초 만에 답이 튀어나오는 구구단 훈련서

곱셈의 첫걸음인 구구단은 일상생활에서도 널리 이용됩니다. 또한 나중에 배울 나눗셈에도 이용되지요. 구구단은 초등수학 2학년 2학기 '곱셈구구' 단원에 나옵니다. 그런데 수학의 주춧돌이라 할 수 있는 구구단을 학교에서는 생각보다 빠르게 지나가 버립니다. 따라서 2학년 2학기가 되기 전에 미리 준비해 주는 게 좋습니다.

## 구구단 원리부터 암기까지, 빠르고 완벽하게 완성하는 방법!

### ☆ 원리부터 이해해야 정확하게 외워요!

새 교육과정에서는 기본에 충실한 수학을 위한 기초 연산의 원리를 강조합니다. 마찬가지로 구구단도 무작정 외우기보다 원리의 이해가 중요합니다. 같은 수를 여러 번 더하는 동수누가 개념을 완전히 이해한 후 구구단을 외워야 곱셈과 나눗셈의 응용 문제도 잘 풀 수 있습니다.

### ☆ 시간은 아껴 주고, 효과는 극대화하는 방법!

쉬운 문제와 어려운 문제를 똑같이 많이 연습할 필요는 없습니다. '바빠 구구단'은 친구들이 자주 틀리는 구구단만 따로 모아 연습할 수 있어 더 적은 시간으로도 구구단을 완성할 수 있습니다.

### ☆ '나만의 구구단'으로 헷갈리는 구구단만 집중 공략해요!

아이마다 헷갈리는 구구단은 다릅니다. 따라서 '바빠 구구단'은 헷갈려하는 구구단을 직접 쓰고 외우게 합니다. 틀린 문제뿐 아니라 잠시 헷갈렸던 문제까지 확실하게 짚고 넘어갈 수 있습니다.

이렇게 공부해야 두뇌가 피곤해지지 않고 구구단을 물었을 때 바로 답이 튀어나올 수 있어요. 스트레스 없이, 손노동 없이 구구단을 완벽하게 익히는 '바빠 구구단'을 지금 당장 만나 보세요!

## '바빠 구구단'의 구성과 특징

이 책은 구구단 개념을 먼저 이해한 다음 훈련하도록 구성했습니다. '아하! 구구단' 코너로 원리를 먼저 이해한 다음, '도전! 구구단' 코너로 연습을 하면서 구구단을 외웁니다. 마지막으로 '섞어! 구구단' 코너를 통해 여러 단을 섞어서 풀어 보며 구구단을 완벽히 익힙니다.

### 1. 아하! 구구단 – 원리부터 배우면 달라요!

'아하! 구구단'에서는 구구단의 원리를 배우고 익힙니다. '잠깐! 퀴즈'는 개념을 알면 간단히 풀 수 있는 문제로, 개념을 바로바로 확인할 수 있습니다.

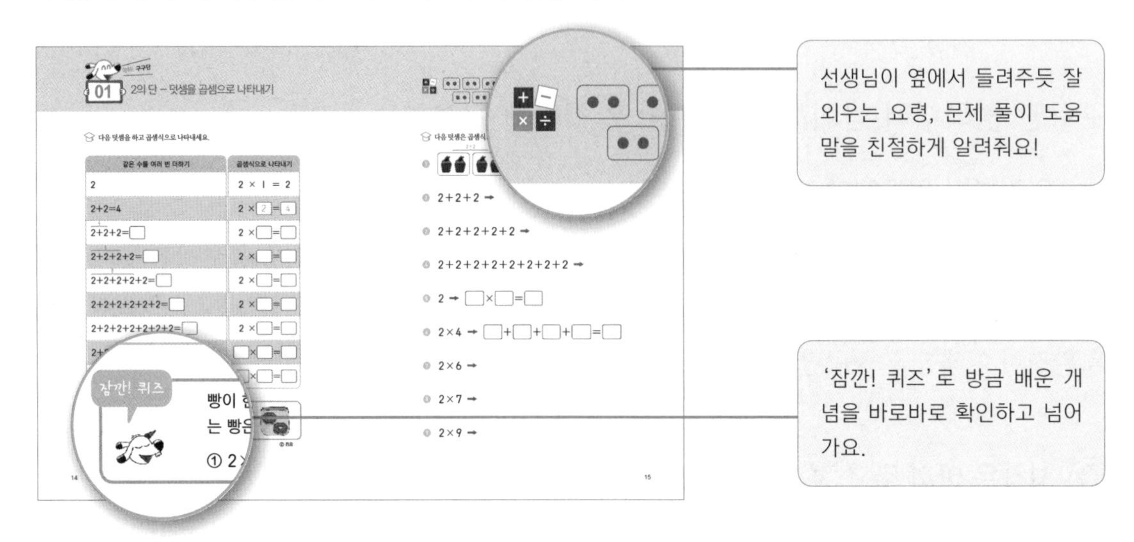


### 2. 도전! 구구단 – 시간을 아껴 주는 연습법!

'도전! 구구단'에서는 앞에서 배운 원리를 바탕으로 곱셈을 연습합니다. 많은 문제를 풀지 않아도 자주 틀리는 문제를 모은 '앗! 실수' 코너를 통해 더욱 효과적으로 익힐 수 있습니다.

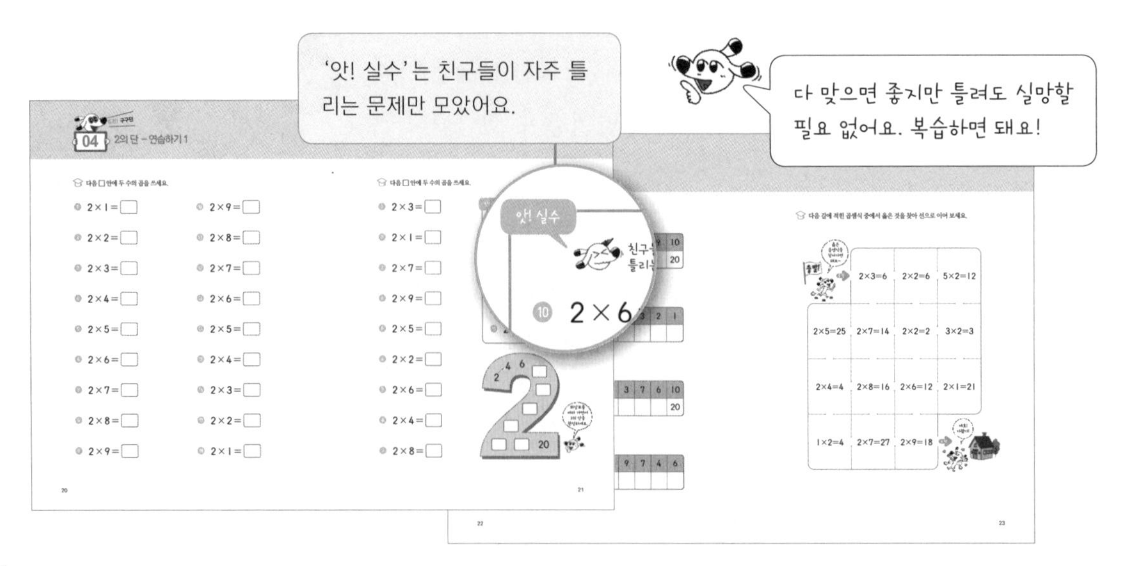

## 3. 섞어! 구구단 – 섞어서 연습한 뒤, '나만의 구구단' 으로 완벽하게 익혀요!

'섞어! 구구단'에서는 여러 단을 섞어서 연습합니다. '앗! 실수' 코너뿐 아니라 내가 헷갈렸던 문제를 직접 쓰고 다시 풀어 보는 코너를 통해 구구단을 완벽히 익힐 수 있습니다.

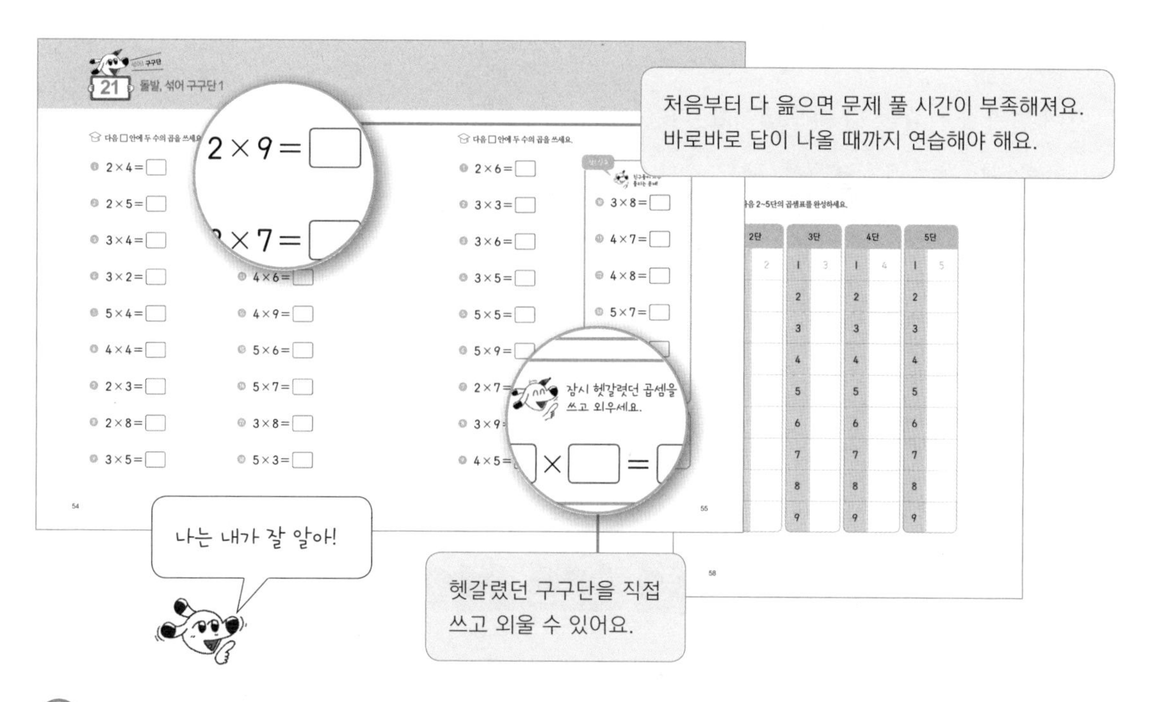


## 보너스! 교과 융합형 문제로 응용력까지 키워요!

첫째 마당과 둘째 마당에서 2단~9단, 1단, 0단, 10단까지 배우면 구구단이 완성됩니다. 셋째 마당에서는 구구단 속 규칙 찾기부터 교과 융합형 문제까지, 구구단을 활용한 곱셈 문제를 미리 연습하며 응용력을 키울 수 있습니다.

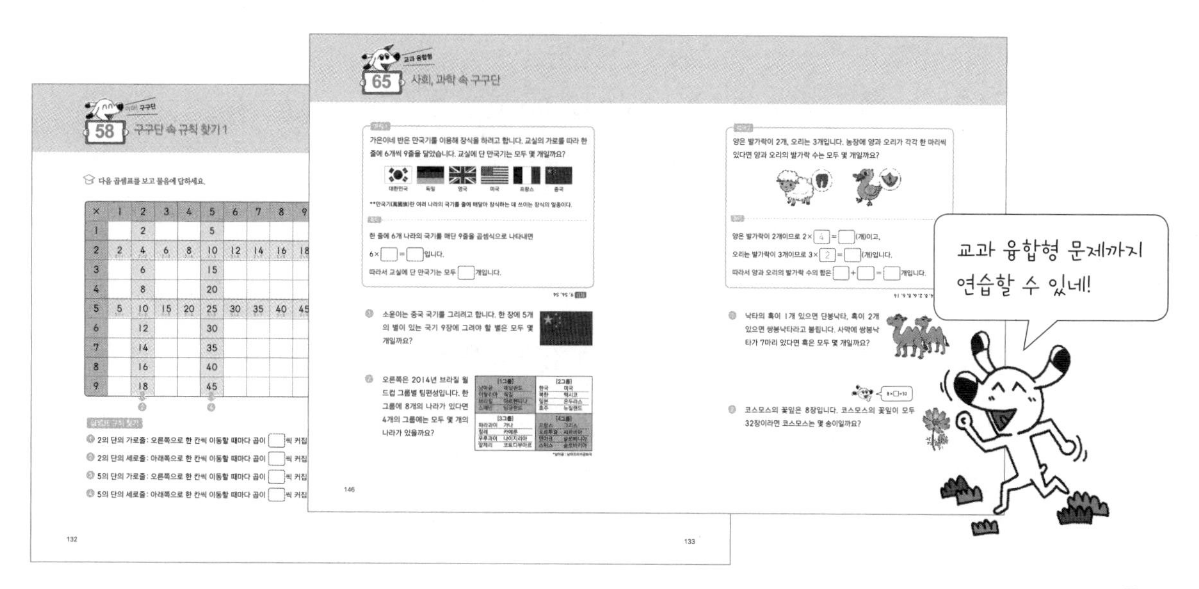

## 덧셈에서 시작된 곱셈!

식탁 위에 맛있는 사과가 3개씩 2접시가 놓여 있어요. 사과는 모두 몇 개일까요?

그런데 엄마가 사과를 더 사오셨어요. 다음 사과의 개수를 구해 보세요.

그런데 아빠가 사과를 더 사 오셨다면 어떨까요? 더하는 숫자가 많아질수록 덧셈 계산은 힘들 거예요.

그래서 옛날 사람들은 고민하기 시작했어요. 3+3+3+3=12를 좀 더 편하게 계산하는 방법은 무엇일까? 그래서 만든 것이 곱하기 기호 '×'이에요.

3+3은 3을 2번 더하므로 3×2로 쓰고, 3+3+3+3은 3을 4번 더하므로 3×4라 써요.

3+3 ➡ 3×2
3+3+3+3 ➡ 3×4

3+3=6이므로 3×2=6이고, 3+3+3+3=12이므로 3×4=12예요.

3+3=6 ➡ 3×2=6
3+3+3+3=12 ➡ 3×4=12

이처럼 곱셈은 같은 수를 여러 번 더하는 덧셈을 간단하게 표현하고 계산도 편리하게 해줘요.

## 한 배, 두 배 수를 늘리는 마법사, 곱셈!

곱셈은 수를 변화시키는 힘이 있어요. 예를 들어, 민수는 사탕 2개가 들어 있는 봉지 하나를 가지고 있어요. 지후는 민수가 가지고 있는 사탕 봉지의 3배를 가지고 있다고 할 때, 지후는 사탕을 몇 개 가지고 있을까요?

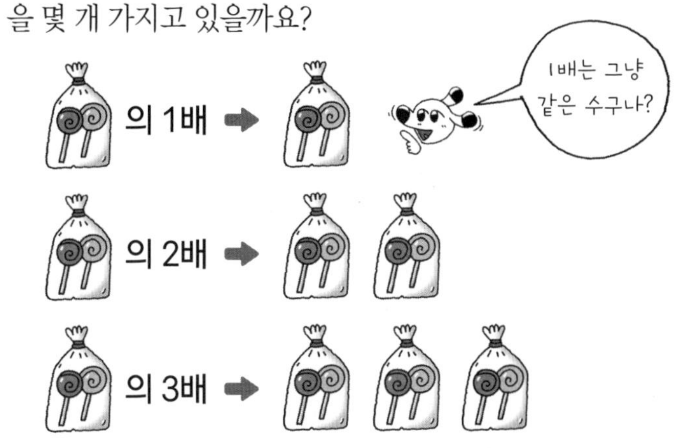


그림을 보면 사탕 2개의 1배는 2개, 2개의 2배는 4개, 2개의 3배는 6개가 되는 것을 알 수 있어요. 따라서 2의 1배는 $2\times1$, 2의 2배는 $2\times2$, 2의 3배는 $2\times3$과 같아요.

2의 1배 ➡ $2\times1$ ➡ $2\times1=2$
2의 2배 ➡ $2\times2$ ➡ $2\times2=4$
2의 3배 ➡ $2\times3$ ➡ $2\times3=6$

이처럼 곱셈은 어떤 수에 몇 배를 하여 수를 늘리는 마법을 부려요.

## 곱셈의 시작, 구구단!

곱셈을 잘하려면 구구단을 정확하게 익혀야 해요. 구구단은 1부터 9까지의 수에 1부터 9까지의 수를 각각 곱한 값을 말하는 거예요. 구구단을 알면 생활 속에서 더 똑똑하게 문제를 해결할 수 있어요. 이제 우리도 한번 배워 볼까요?

## 구구단을 외우자!

| 2의 단 |
| --- |
| 2×1=2 |
| 2×2=4 |
| 2×3=6 |
| 2×4=8 |
| 2×5=10 |
| 2×6=12 |
| 2×7=14 |
| 2×8=16 |
| 2×9=18 |

2의 단은 짝수로 생각하면 돼요!

| 3의 단 |
| --- |
| 3×1=3 |
| 3×2=6 |
| 3×3=9 |
| 3×4=12 |
| 3×5=15 |
| 3×6=18 |
| 3×7=21 |
| 3×8=24 |
| 3×9=27 |

| 4의 단 |
| --- |
| 4×1=4 |
| 4×2=8 |
| 4×3=12 |
| 4×4=16 |
| 4×5=20 |
| 4×6=24 |
| 4×7=28 |
| 4×8=32 |
| 4×9=36 |

4

5의 단은 시계의 분침을 생각하면 쉬워요. 5분, 10분, 15분, 20분 ….

| 5의 단 |
| --- |
| 5×1=5 |
| 5×2=10 |
| 5×3=15 |
| 5×4=20 |
| 5×5=25 |
| 5×6=30 |
| 5×7=35 |
| 5×8=40 |
| 5×9=45 |

| 구구단 외우기 | 걸린 시간 |
|---|---|
| 1차 도전 | 분 초 |
| 2차 도전 | 분 초 |
| 최종 목표 | 2분 안에! |

| 6의 단 |
|---|
| 6×1=6 |
| 6×2=12 |
| 6×3=18 |
| 6×4=24 |
| 6×5=30 |
| 6×6=36 |
| 6×7=42 |
| 6×8=48 |
| 6×9=54 |

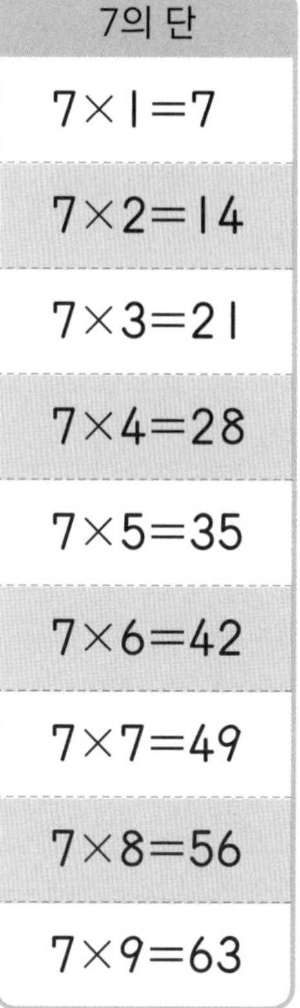

| 7의 단 |
|---|
| 7×1=7 |
| 7×2=14 |
| 7×3=21 |
| 7×4=28 |
| 7×5=35 |
| 7×6=42 |
| 7×7=49 |
| 7×8=56 |
| 7×9=63 |

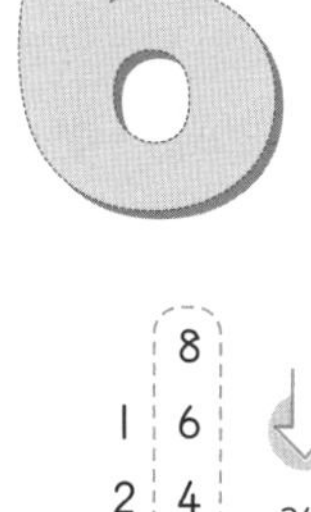

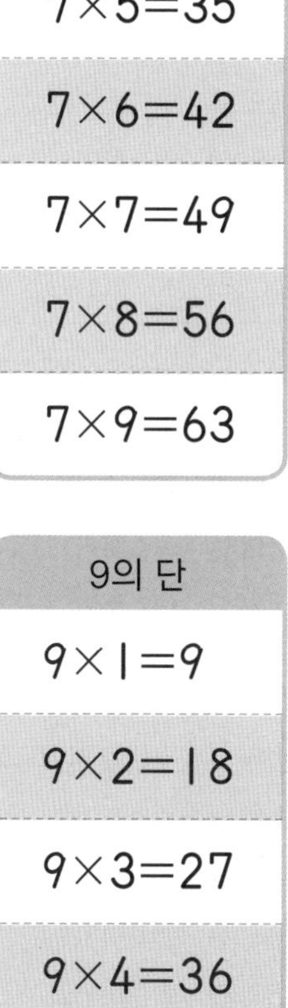

| 8의 단 |
|---|
| 8×1=8 |
| 8×2=16 |
| 8×3=24 |
| 8×4=32 |
| 8×5=40 |
| 8×6=48 |
| 8×7=56 |
| 8×8=64 |
| 8×9=72 |

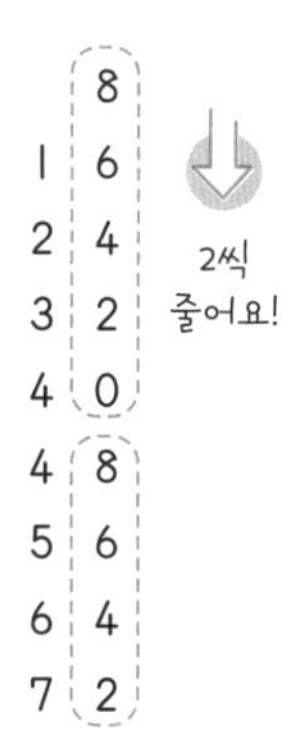


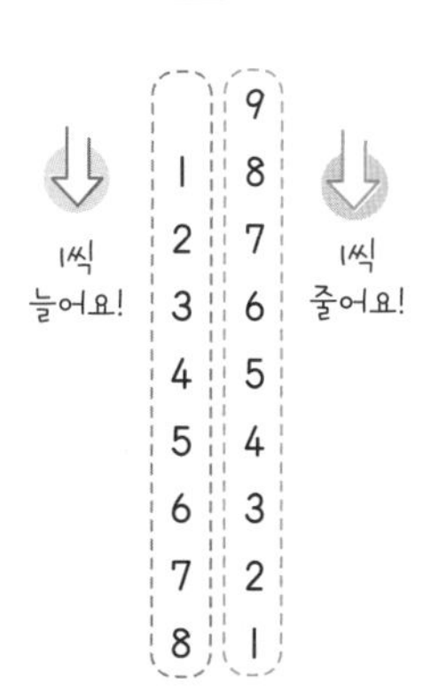


8의 단은 일의 자리 숫자가 2씩 줄어들어요!

9의 단은 십의 자리 숫자가 1씩 커지고, 일의 자리 숫자는 1씩 줄어드는 놀라운 사실!

| 9의 단 |
|---|
| 9×1=9 |
| 9×2=18 |
| 9×3=27 |
| 9×4=36 |
| 9×5=45 |
| 9×6=54 |
| 9×7=63 |
| 9×8=72 |
| 9×9=81 |

# 목 차

## 첫째 마당 · 2의 단부터 5의 단까지 익히기



## 둘째 마당 · 10의 단까지 익히기

## 권장 진도표

| ♡ | 28일 완성 | 14일 완성 |
|---|---|---|
| □1일차 | 01~03과 | 01~05과 |
| □2일차 | 04~05과 | 06~10과 |
| □3일차 | 06~08과 | 11~15과 |
| □4일차 | 09~10과 | 16~20과 |
| □5일차 | 11~13과 | 21~26과 |
| □6일차 | 14~15과 | 27~31과 |
| □7일차 | 16~18과 | 32~36과 |
| □8일차 | 19~20과 | 37~41과 |
| □9일차 | 21~23과 | 42~46과 |
| □10일차 | 24~26과 | 47~51과 |
| □11일차 | 27~29과 | 52~57과 |
| □12일차 | 30~31과 | 58~61과 |
| □13일차 | 32~34과 | 62~64과 |
| □14일차 | 35~36과 | 65~67과 |
| □15일차 | 37~39과 | |
| □16일차 | 40~41과 | |
| □17일차 | 42~44과 | |
| □18일차 | 45~46과 | |
| □19일차 | 47~49과 | |
| □20일차 | 50~51과 | |
| □21일차 | 52~54과 | |
| □22일차 | 55~57과 | |
| □23일차 | 58~60과 | |
| □24일차 | 61~62과 | |
| □25일차 | 63~64과 | |
| □26일차 | 65과 | |
| □27일차 | 66과 | |
| □28일차 | 67과 | |

3·4학년이라면 결손 보강으로 빠르게 14일 완성!

1·2학년이라면 28일에 완성하세요!

* 가볍게 공부할 때는 하루에 1과씩 67일에 완성하세요!

# 첫째 마당

# 2의 단부터 5의 단까지 익히기

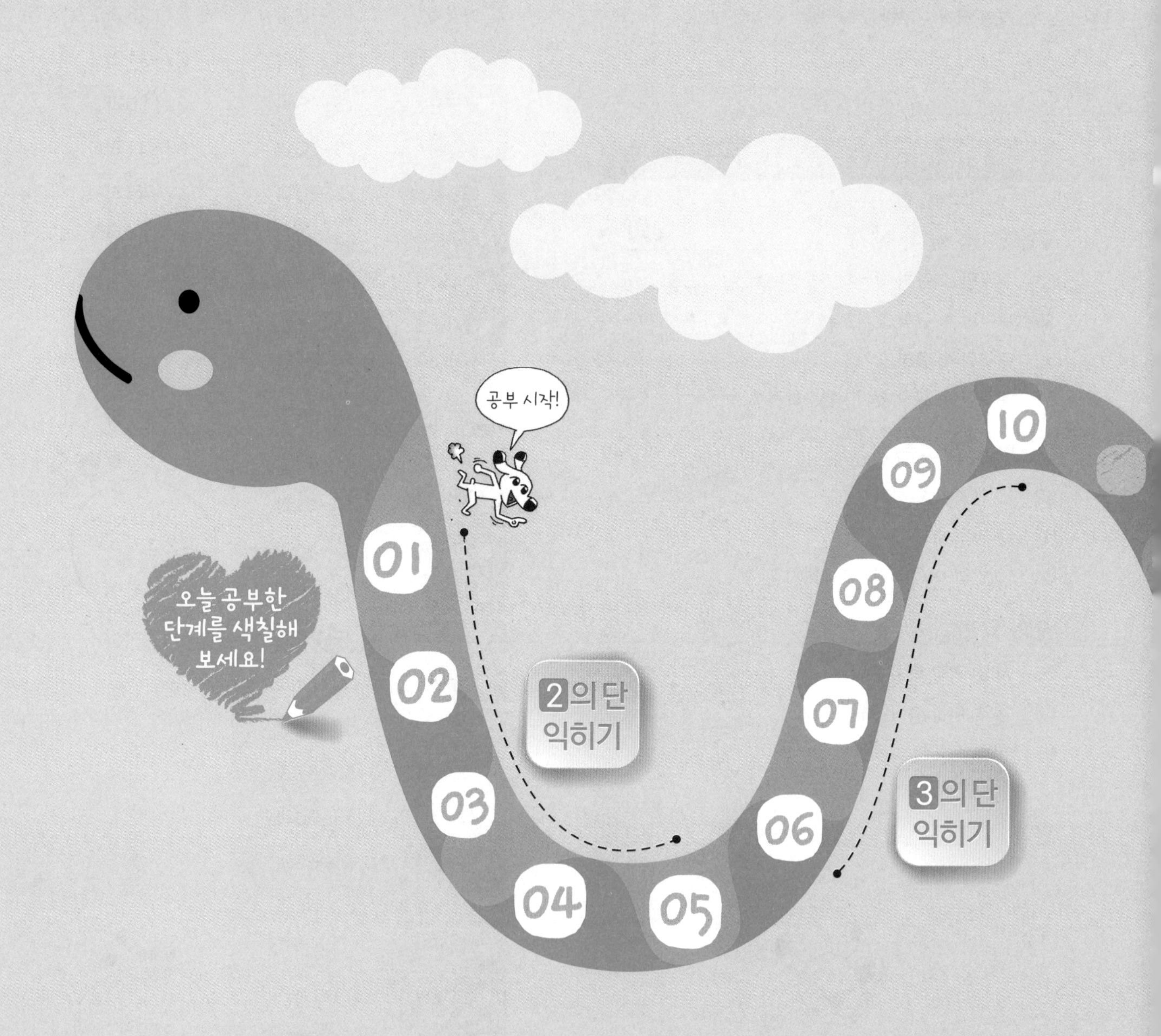

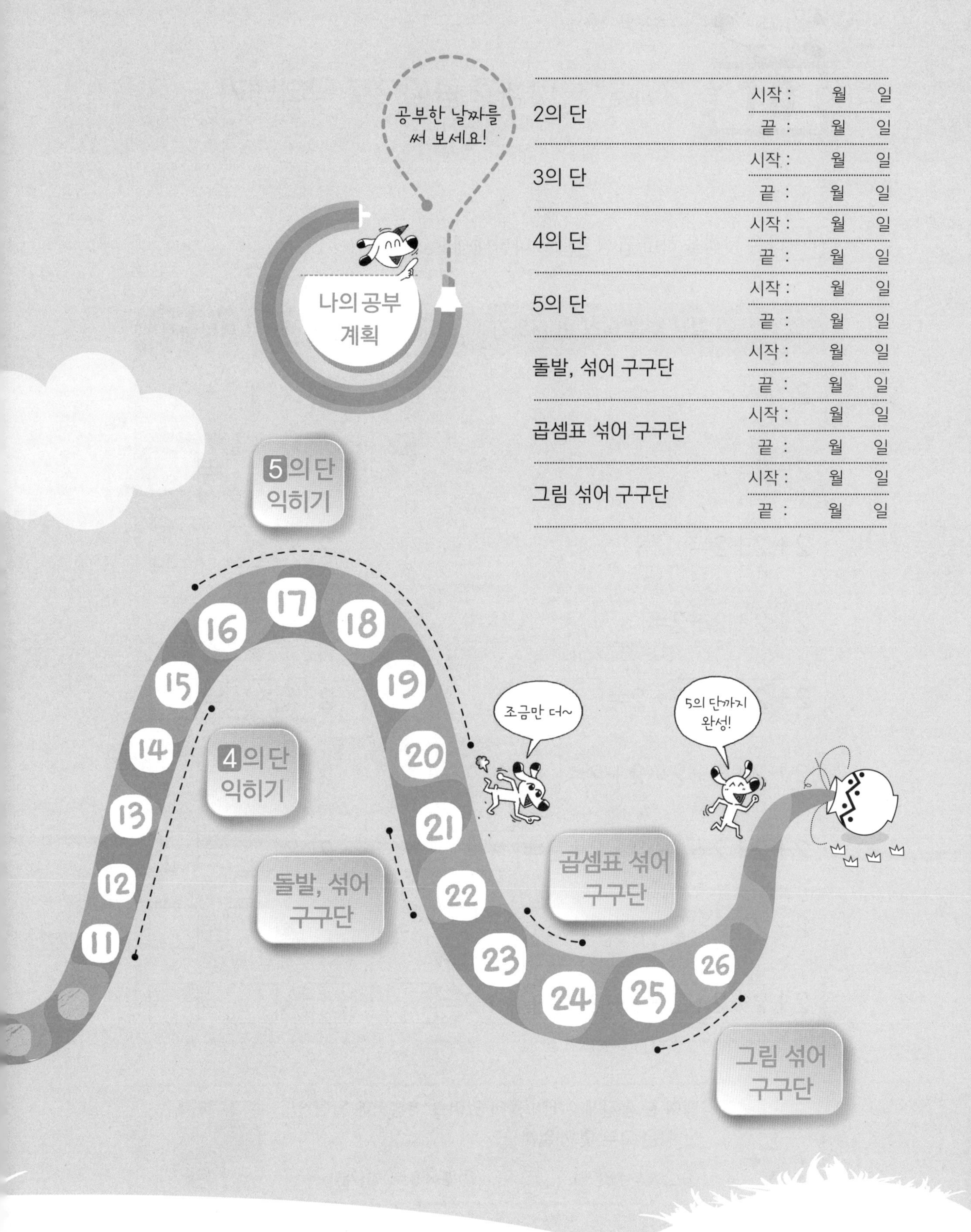

| | | |
|---|---|---|
| 2의 단 | 시작 : | 월 일 |
| | 끝 : | 월 일 |
| 3의 단 | 시작 : | 월 일 |
| | 끝 : | 월 일 |
| 4의 단 | 시작 : | 월 일 |
| | 끝 : | 월 일 |
| 5의 단 | 시작 : | 월 일 |
| | 끝 : | 월 일 |
| 돌발, 섞어 구구단 | 시작 : | 월 일 |
| | 끝 : | 월 일 |
| 곱셈표 섞어 구구단 | 시작 : | 월 일 |
| | 끝 : | 월 일 |
| 그림 섞어 구구단 | 시작 : | 월 일 |
| | 끝 : | 월 일 |

# 01 2의 단 – 덧셈을 곱셈으로 나타내기

다음 덧셈을 하고 곱셈식으로 나타내세요.

| 같은 수를 여러 번 더하기 | 곱셈식으로 나타내기 |
|---|---|
| 2 | 2 × 1 = 2 |
| 2+2=4 | 2 × 2 = 4 |
| (4) 2+2+2=□ | 2 ×□=□ |
| (6) 2+2+2+2=□ | 2 ×□=□ |
| (8) 2+2+2+2+2=□ | 2 ×□=□ |
| 2+2+2+2+2+2=□ | 2 ×□=□ |
| 2+2+2+2+2+2+2=□ | 2 ×□=□ |
| 2+2+2+2+2+2+2+2=□ | □×□=□ |
| 2+2+2+2+2+2+2+2+2=□ | □×□=□ |

잠깐! 퀴즈

빵이 한 봉지에 2개씩 들어 있어요. 5봉지에 들어 있는 빵은 모두 몇 개일까요?

① 2×4=8(개) ② 2×5=10(개)

정답 ②

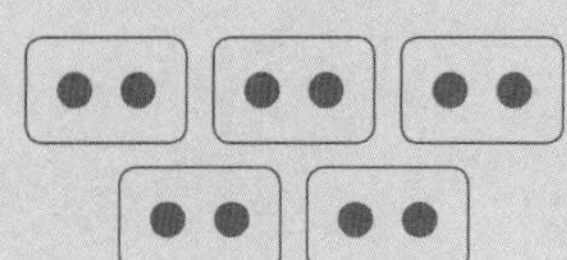

2개씩 5묶음은 $\overbrace{2+2+2+2+2}^{5번}=10$이므로 곱셈식으로 나타내면 $2\times5=10$이에요.

$2\times5$에서 2는 곱해지는 수, 5는 곱하는 수예요.

다음 덧셈은 곱셈식으로, 곱셈은 덧셈식으로 나타내세요.

1. 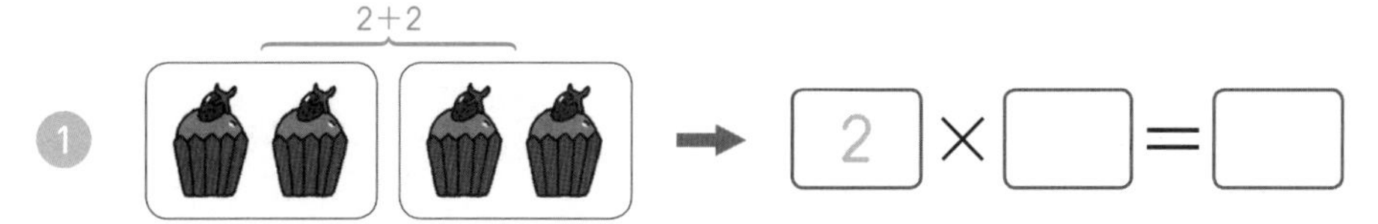


2. $2+2+2$ →

3. $2+2+2+2+2$ →

4. $2+2+2+2+2+2+2+2$ →

5. 2 → □ × □ = □

6. $2\times4$ → □ + □ + □ + □ = □

7. $2\times6$ →

8. $2\times7$ →

9. $2\times9$ →

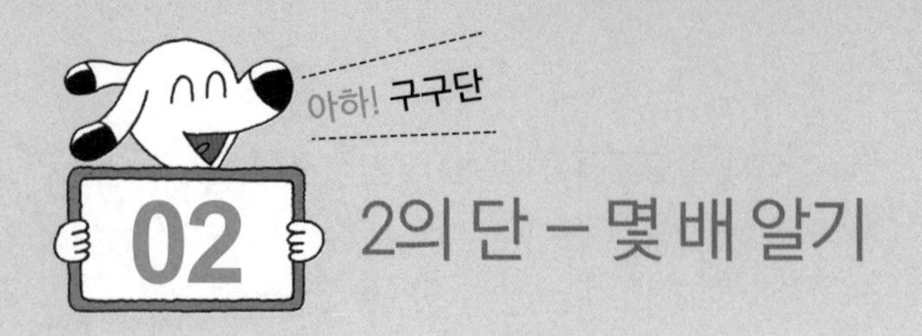


# 2의 단 – 몇 배 알기

다음 곱셈이 2의 몇 배인지 쓰고 계산하세요.

| 곱셈 | 몇 배 | 곱셈식 |
| --- | --- | --- |
| 2×1 | 2의 [1] 배 | 2×1=[2] |
| 2×2 | 2의 [ ] 배 | 2×2=[ ] |
| 2×3 | 2의 [ ] 배 | 2×3=[ ] |
| 2×4 | 2의 [ ] 배 | 2×4=[ ] |
| 2×5 | 2의 [ ] 배 | 2×5=[ ] |
| 2×6 | 2의 [ ] 배 | 2×6=[ ] |
| 2×7 | 2의 [ ] 배 | 2×7=[ ] |
| 2×8 | 2의 [ ] 배 | 2×8=[ ] |
| 2×9 | [ ]의 [ ] 배 | 2×9=[ ] |

잠깐! 퀴즈

'2의 4배'를 곱셈식으로 바르게 나타낸 것은 무엇일까요?

① 2×4=8    ② 2×4=24

정답 ①

'□의 몇 배'를 읽고 곱셈식으로 나타내기

- 몇 배를 읽을 때에는 한 배, 두 배, 세 배, …라고 읽어요.
- □는 곱셈 기호 앞에, 몇 배는 곱셈 기호 뒤에 써요.

2의 3배(세 배) $\xrightarrow{\text{곱셈식}}$ 2×3=6　　2의 5배(다섯 배) $\xrightarrow{\text{곱셈식}}$ 2×5=10

다음 동물의 위치를 보고 2의 몇 배인지 쓴 다음 곱셈식으로 나타내세요.

1

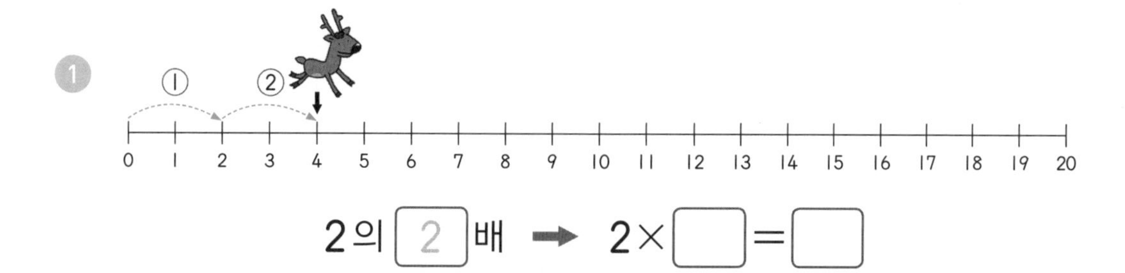


2의 [2]배 → 2×[ ]=[ ]

2

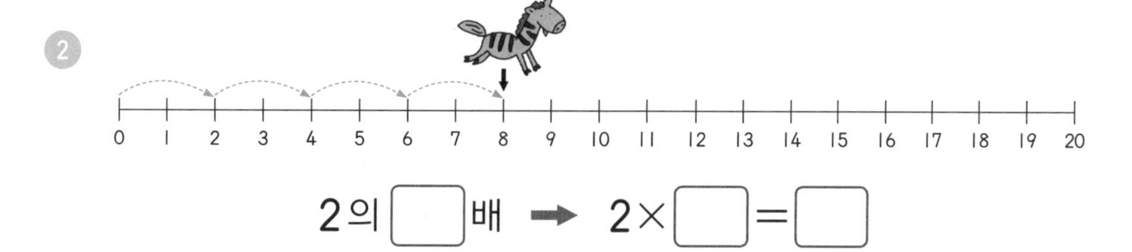


2의 [ ]배 → 2×[ ]=[ ]

3

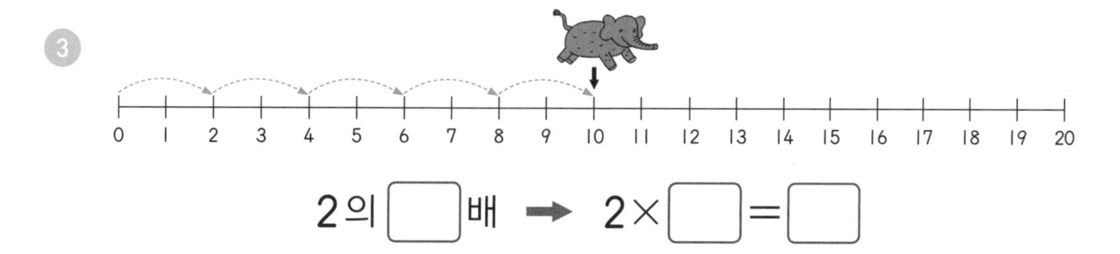


2의 [ ]배 → 2×[ ]=[ ]

4

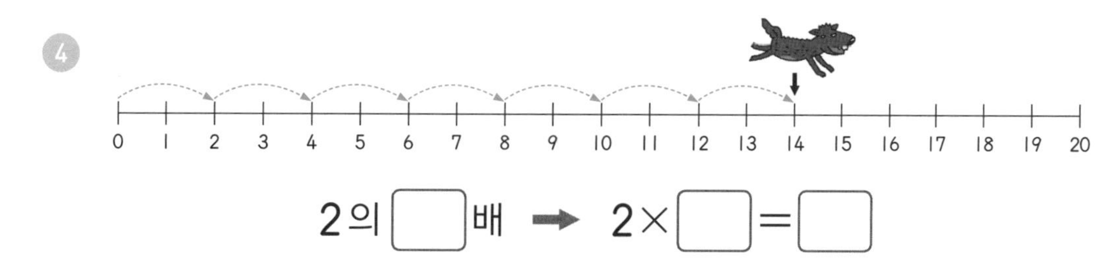


2의 [ ]배 → 2×[ ]=[ ]

5

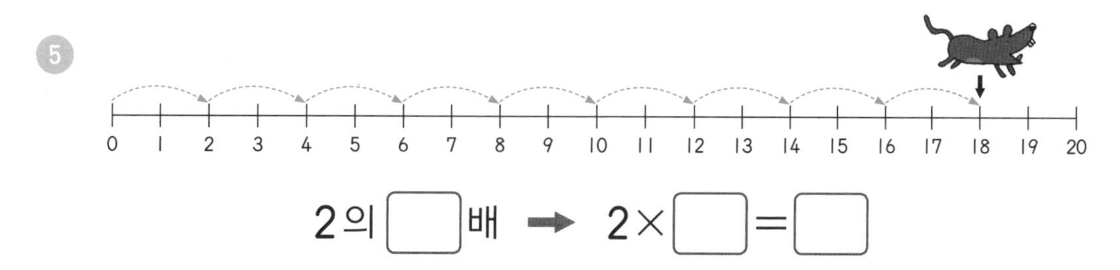


2의 [ ]배 → 2×[ ]=[ ]

다음 2의 단을 바르게 읽고 쓰세요.

| 2의 단 | 읽기 | 쓰기 |
| --- | --- | --- |
| 2×1=2 | 이 일은 이 | 2×1=2 |
| 2×2=4 | 이 이는 ☐ | 2× |
| 2×3=6 | 이 삼은 육 | |
| 2×4=8 | 이 사 ☐ | |
| 2×5=10 | 이 오 십 | |
| 2×6=12 | 이 육 ☐ | |
| 2×7=14 | 이 칠 십사 | |
| 2×8=16 | ☐ 팔 ☐ | |
| 2×9=18 | ☐ | |

잠깐! 퀴즈

'2×3=6'을 바르게 읽은 것은 무엇일까요?

① 이 삼은 육　　　② 둘 셋 여섯

답 ①

연필 한 자루, 학생 다섯 명 등 양을 나타내는 수는 하나, 둘, 셋, … 처럼 읽지만
계산 값을 나타내는 수는 일, 이, 삼, 사, 오, … 처럼 읽어요.
따라서 $2\times3=6$은 '이 삼은 육'이라 읽어요.

다음 2의 단을 읽은 것은 곱셈식으로 나타내고, 곱셈식은 바르게 읽으세요.

1. 이 일은 이 → [2] × [ ] = [ ]
2. 이 오 십 →
3. 이 칠 십사 →
4. 이 구 십팔 →
5. 이 삼은 육 →
6. $2\times2=4$ → 이 이는 [ ]
7. $2\times4=8$ → 이 사 [ ]
8. $2\times8=16$ → 이 팔 [ ]
9. $2\times6=12$ → 이 육 [ ]

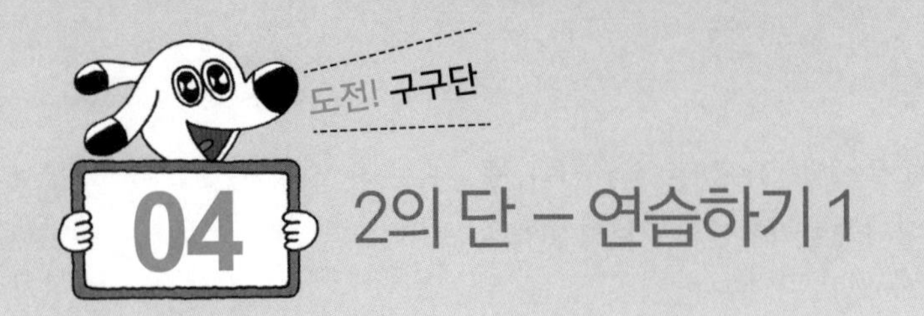


# 2의 단 – 연습하기 1

다음 □ 안에 두 수의 곱을 쓰세요.

① $2 \times 1 = \square$

② $2 \times 2 = \square$

③ $2 \times 3 = \square$

④ $2 \times 4 = \square$

⑤ $2 \times 5 = \square$

⑥ $2 \times 6 = \square$

⑦ $2 \times 7 = \square$

⑧ $2 \times 8 = \square$

⑨ $2 \times 9 = \square$

⑩ $2 \times 9 = \square$

⑪ $2 \times 8 = \square$

⑫ $2 \times 7 = \square$

⑬ $2 \times 6 = \square$

⑭ $2 \times 5 = \square$

⑮ $2 \times 4 = \square$

⑯ $2 \times 3 = \square$

⑰ $2 \times 2 = \square$

⑱ $2 \times 1 = \square$

2의 단은 짝수로 생각하면 돼요! 2, 4, 6, 8, 10, 12, ⋯.

다음 □ 안에 두 수의 곱을 쓰세요.

① $2 \times 3 = \square$

② $2 \times 1 = \square$

③ $2 \times 7 = \square$

④ $2 \times 9 = \square$

⑤ $2 \times 5 = \square$

⑥ $2 \times 2 = \square$

⑦ $2 \times 6 = \square$

⑧ $2 \times 4 = \square$

⑨ $2 \times 8 = \square$

앗! 실수

친구들이 자주 틀리는 문제!

⑩ $2 \times 6 = \square$

⑪ $2 \times 8 = \square$

⑫ $2 \times 7 = \square$

⑬ $2 \times 9 = \square$

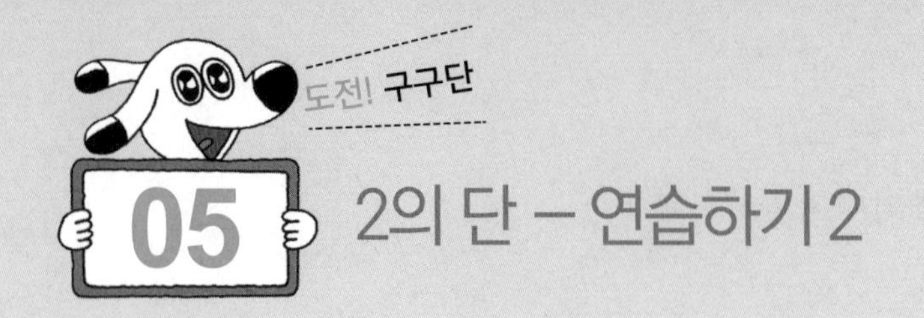


# 2의 단 – 연습하기 2

다음 10칸 곱셈표를 완성하세요.

①

| × | 1 | 2 | 3 | 4 | 5 | 6 | 7 | 8 | 9 | 10 |
|---|---|---|---|---|---|---|---|---|---|---|
| 2 | 2 | | | 8 | | 12 | | 16 | | 20 |

②

| × | 10 | 9 | 8 | 7 | 6 | 5 | 4 | 3 | 2 | 1 |
|---|---|---|---|---|---|---|---|---|---|---|
| 2 | 20 | | | | | | | | | |

③

| × | 9 | 5 | 1 | 8 | 4 | 2 | 3 | 7 | 6 | 10 |
|---|---|---|---|---|---|---|---|---|---|---|
| 2 | | | | | | | | | | 20 |

④

| × | 3 | 5 | 1 | 10 | 8 | 2 | 9 | 7 | 4 | 6 |
|---|---|---|---|---|---|---|---|---|---|---|
| 2 | | | | 20 | | | | | | |

다음 길에 적힌 곱셈식 중에서 옳은 것을 찾아 선으로 이어 보세요.

옳은 구구단을 찾아가면 돼요~

출발!

출발

| | | | |
|---|---|---|---|
| | $2\times3=6$ | $2\times2=6$ | $5\times2=12$ |
| $2\times5=25$ | $2\times7=14$ | $2\times2=2$ | $3\times2=3$ |
| $2\times4=4$ | $2\times8=16$ | $2\times6=12$ | $2\times1=21$ |
| $1\times2=4$ | $2\times7=27$ | $2\times9=18$ | |

도착

야호! 다왔다!

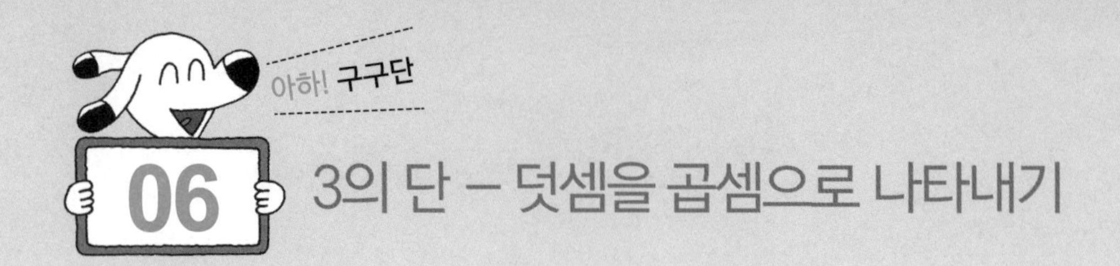


# 3의 단 – 덧셈을 곱셈으로 나타내기

다음 덧셈을 하고 곱셈식으로 나타내세요.

| 같은 수를 여러 번 더하기 | 곱셈식으로 나타내기 |
|---|---|
| 3 | 3 × 1 = 3 |
| 3+3= [6] | 3 × [2] = [6] |
| 3+3+3= [ ] (6) | 3 × [ ] = [ ] |
| 3+3+3+3= [ ] (9) | 3 × [ ] = [ ] |
| 3+3+3+3+3= [ ] (12) | 3 × [ ] = [ ] |
| 3+3+3+3+3+3= [ ] | 3 × [ ] = [ ] |
| 3+3+3+3+3+3+3= [ ] | 3 × [ ] = [ ] |
| 3+3+3+3+3+3+3+3= [ ] | [ ] × [ ] = [ ] |
| 3+3+3+3+3+3+3+3+3= [ ] | [ ] × [ ] = [ ] |

잠깐! 퀴즈

세 발 자전거 5대의 바퀴의 수는 모두 몇 개일까요?

① 2×5=10(개)    ② 3×5=15(개)

정답 ②

3+3+3+3=12는 3을 4번 더한 것이므로 곱셈식으로 나타낼 때, 3은 곱셈 기호 앞에 써요. 또 더한 횟수는 곱셈 기호 뒤에 쓰면 돼요. → 3×4=12

다음 덧셈은 곱셈식으로, 곱셈은 덧셈식으로 나타내세요.

① 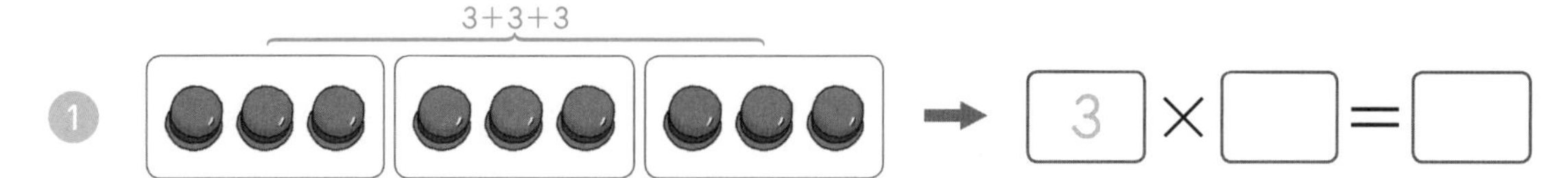


② 3 → □×□=□

③ 3+3+3+3+3 →

④ 3+3+3+3+3+3+3 →

⑤ 3+3+3+3+3+3+3+3 →

⑥ 3×2 → □+□=□

⑦ 3×4 →

⑧ 3×6 →

⑨ 3×9 →

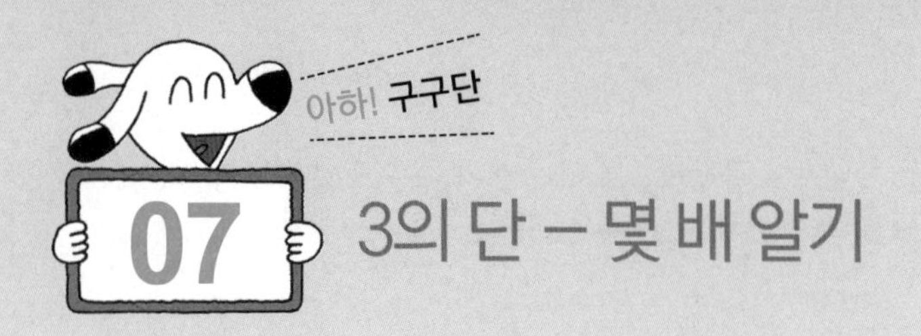


# 3의 단 – 몇 배 알기

다음 곱셈이 3의 몇 배인지 쓰고 계산하세요.

| 곱셈 | 몇 배 | 곱셈식 |
| --- | --- | --- |
| 3×1 | 3의 [1] 배 | 3×1=[3] |
| 3×2 | 3의 □ 배 | 3×2=□ |
| 3×3 | 3의 □ 배 | 3×3=□ |
| 3×4 | 3의 □ 배 | 3×4=□ |
| 3×5 | 3의 □ 배 | 3×5=□ |
| 3×6 | 3의 □ 배 | 3×6=□ |
| 3×7 | 3의 □ 배 | 3×7=□ |
| 3×8 | 3의 □ 배 | 3×8=□ |
| 3×9 | □의 □ 배 | 3×9=□ |

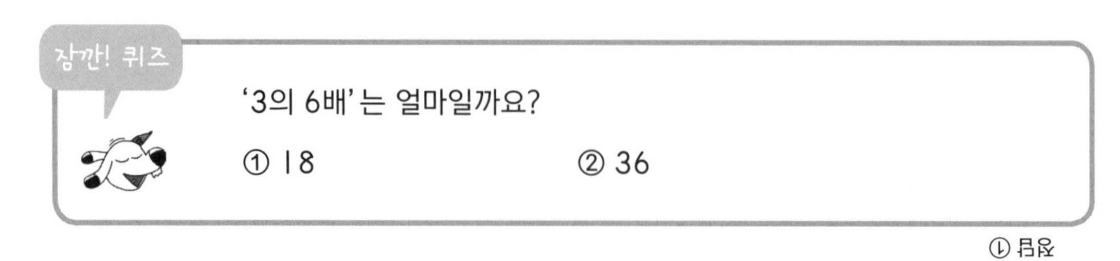


'3의 6배'는 얼마일까요?

① 18 ② 36

정답 ①

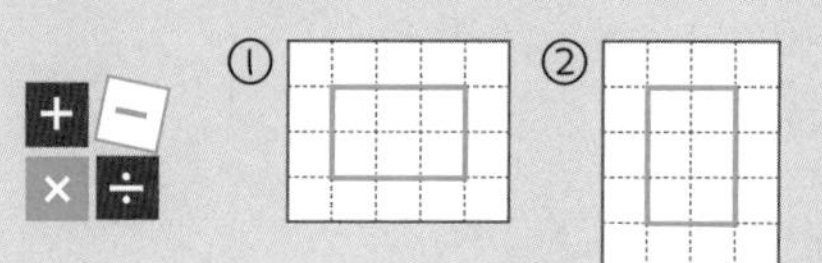


사각형의 크기를 곱셈으로 나타낼 때는 가로의 칸 수를 먼저 쓰고 세로의 칸 수를 써야 돼요.

① 가로 3칸, 세로 2칸 → 3의 2배 → 3×2=6

② 가로 2칸, 세로 3칸 → 2의 3배 → 2×3=6

다음 그림은 3의 몇 배인지 쓰고 곱셈식으로 나타내세요.

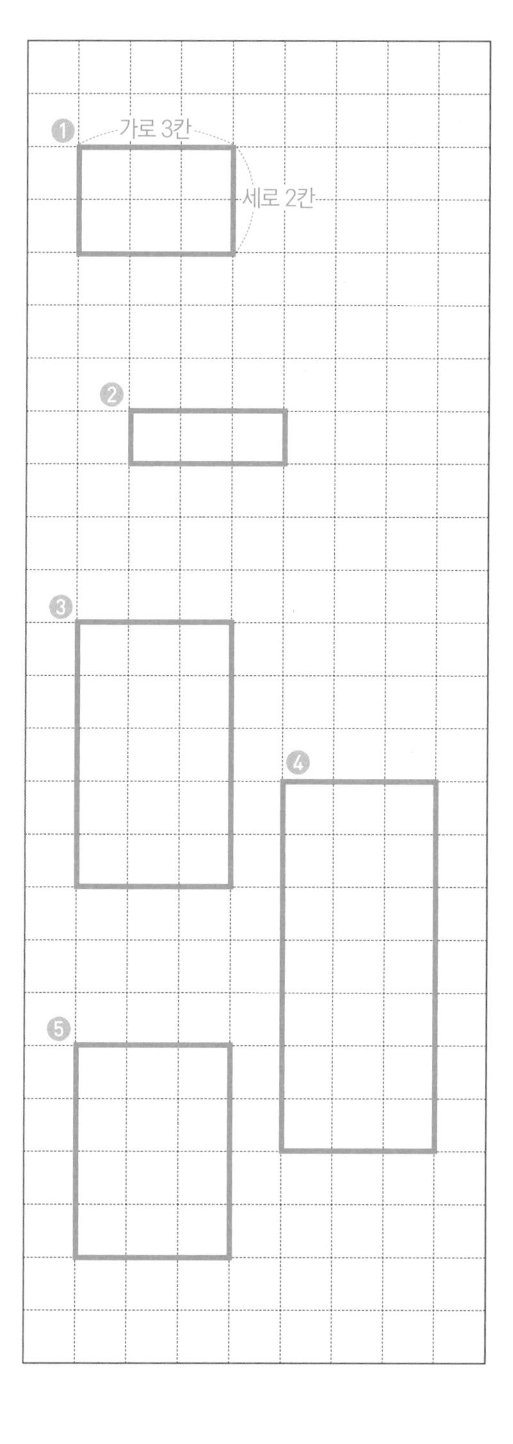


① 3의 [2]배
→ 3×[ ]=[ ]

② 3의 [ ]배
→ 3×[ ]=[ ]

③ 3의 [ ]배
→ 3×[ ]=[ ]

④ 3의 [ ]배
→ 3×[ ]=[ ]

⑤ 3의 [ ]배
→ 3×[ ]=[ ]

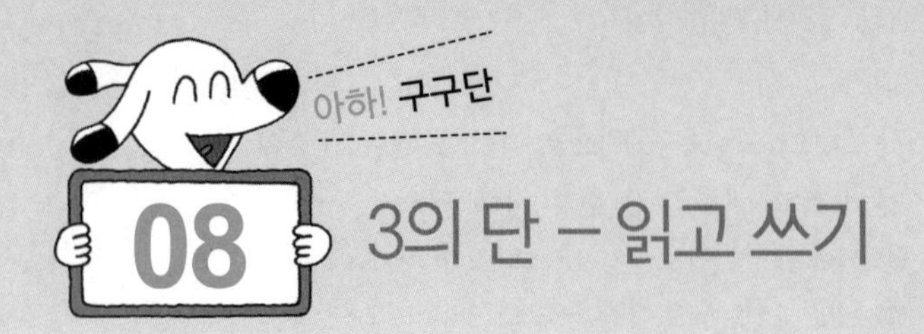


# 3의 단 – 읽고 쓰기

다음 3의 단을 바르게 읽고 쓰세요.

| 3의 단 | 읽기 | 쓰기 |
|---|---|---|
| 3×1=3 | 삼 일은 삼 | 3×1=3 |
| 3×2=6 | 삼 이 □ | 3× |
| 3×3=9 | 삼 삼은 구 | |
| 3×4=12 | 삼 사 □ | |
| 3×5=15 | 삼 오 □ | |
| 3×6=18 | 삼 육 □ | |
| 3×7=21 | 삼 칠 이십일 | |
| 3×8=24 | □ 팔 □ | |
| 3×9=27 | □ | |

잠깐! 퀴즈

'삼 팔 이십사'를 곱셈식으로 바르게 나타낸 것은 무엇일까요?

① 3×8=24 ② 3×9=27

① 정답

십의 자리 수 읽기
10 → 십, 20 → 이십, 30 → 삼십, 40 → 사십, 50 → 오십, 60 → 육십,
70 → 칠십, 80 → 팔십, 90 → 구십

다음 3의 단을 읽은 것은 곱셈식으로 나타내고, 곱셈식은 바르게 읽으세요.

① 삼 삼은 구 → 3 × ☐ = ☐

② 삼 오 십오 →

③ 삼 칠 이십일 →

④ 삼 팔 이십사 →

⑤ 삼 구 이십칠 →

⑥ $3 \times 1 = 3$ → 삼 일은 ☐

⑦ $3 \times 2 = 6$ → 삼 이 ☐

⑧ $3 \times 4 = 12$ → 삼 사 ☐

⑨ $3 \times 6 = 18$ → 삼 육 ☐

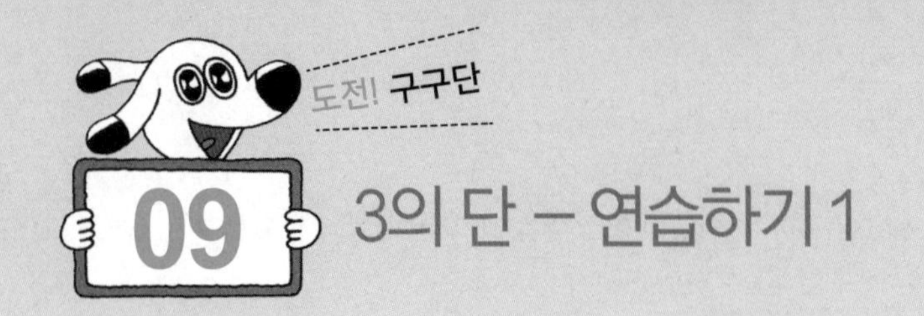


# 3의 단 – 연습하기 1

다음 □ 안에 두 수의 곱을 쓰세요.

1. $3 \times 1 = \square$
2. $3 \times 2 = \square$
3. $3 \times 3 = \square$
4. $3 \times 4 = \square$
5. $3 \times 5 = \square$
6. $3 \times 6 = \square$
7. $3 \times 7 = \square$
8. $3 \times 8 = \square$
9. $3 \times 9 = \square$
10. $3 \times 9 = \square$
11. $3 \times 8 = \square$
12. $3 \times 7 = \square$
13. $3 \times 6 = \square$
14. $3 \times 5 = \square$
15. $3 \times 4 = \square$
16. $3 \times 3 = \square$
17. $3 \times 2 = \square$
18. $3 \times 1 = \square$

3의 단은 '3, 6, 9' 게임으로 연습하면 좋아요. 1부터 차례대로 번갈아 말하면서 3의 단의 수가 나오면 박수를 쳐봐요.
일, 이, ③, 사, 오, ⑥, 칠, 팔, ⑨, …

다음 □ 안에 두 수의 곱을 쓰세요.

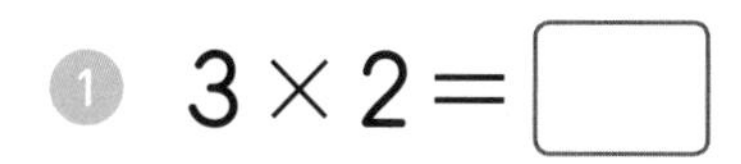

① $3\times2=$ □

② $3\times4=$ □

③ $3\times5=$ □

④ $3\times8=$ □

⑤ $3\times1=$ □

⑥ $3\times9=$ □

⑦ $3\times6=$ □

⑧ $3\times3=$ □

⑨ $3\times7=$ □

⑩ $3\times7=$ □

⑪ $3\times8=$ □

⑫ $3\times6=$ □

⑬ $3\times9=$ □

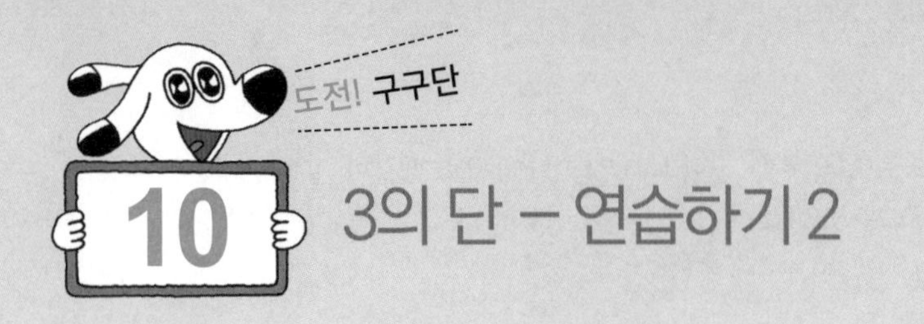


# 3의 단 – 연습하기 2

다음 10칸 곱셈표를 완성하세요.

①

| × | 1 | 2 | 3 | 4 | 5 | 6 | 7 | 8 | 9 | 10 |
|---|---|---|---|---|---|---|---|---|---|---|
| 3 | 3 | | | | 15 | 18 | | | 27 | 30 |

②

| × | 10 | 9 | 8 | 7 | 6 | 5 | 4 | 3 | 2 | 1 |
|---|---|---|---|---|---|---|---|---|---|---|
| 3 | 30 | | | | | | | | | |

③

| × | 6 | 4 | 1 | 7 | 3 | 5 | 9 | 2 | 8 | 10 |
|---|---|---|---|---|---|---|---|---|---|---|
| 3 | | | | | | | | | | 30 |

④

| × | 3 | 2 | 6 | 10 | 1 | 5 | 9 | 4 | 8 | 7 |
|---|---|---|---|---|---|---|---|---|---|---|
| 3 | | | | 30 | | | | | | |

다음 곱셈을 하고 10보다 큰 수를 따라가 보세요.

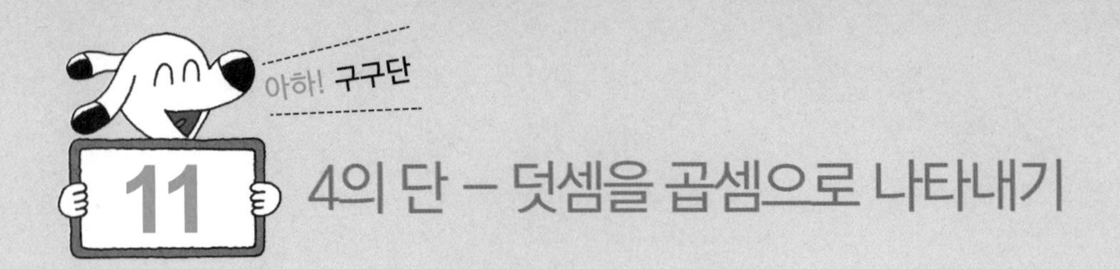


# 11 4의 단 – 덧셈을 곱셈으로 나타내기

다음 덧셈을 하고 곱셈식으로 나타내세요.

| 같은 수를 여러 번 더하기 | 곱셈식으로 나타내기 |
|---|---|
| 4 | 4 × 1 = 4 |
| 4+4=8 | 4 × □ = □ |
| $\overbrace{4+4}^{8}+4=$ □ | 4 × □ = □ |
| $\overbrace{4+4+4}^{12}+4=$ □ | 4 × □ = □ |
| $\overbrace{4+4+4+4}^{16}+4=$ □ | 4 × □ = □ |
| 4+4+4+4+4+4= □ | 4 × □ = □ |
| 4+4+4+4+4+4+4= □ | 4 × □ = □ |
| 4+4+4+4+4+4+4+4= □ | □ × □ = □ |
| 4+4+4+4+4+4+4+4+4= □ | □ × □ = □ |

잠깐! 퀴즈

‘4 × 3’과 같은 덧셈은 무엇일까요?

① 4+4 ② 4+4+4

정답 ②

4의 단은 일의 자리의 수가 4, 8, 2, 6, 0이 반복해서 나오고 모두 짝수예요.
2의 단, 4의 단처럼 짝수의 곱셈구구는 짝수가 일정한 규칙으로 반복돼요.

다음 덧셈은 곱셈식으로, 곱셈은 덧셈식으로 나타내세요.

① → 4 × ☐ = ☐

② $4+4+4+4$ →

③ $4+4+4+4+4+4$ →

④ $4+4+4+4+4+4+4$ →

⑤ 4 → ☐ × ☐ = ☐

⑥ $4 \times 3$ → ☐ + ☐ + ☐ = ☐

⑦ $4 \times 8$ →

⑧ $4 \times 5$ →

⑨ $4 \times 9$ →

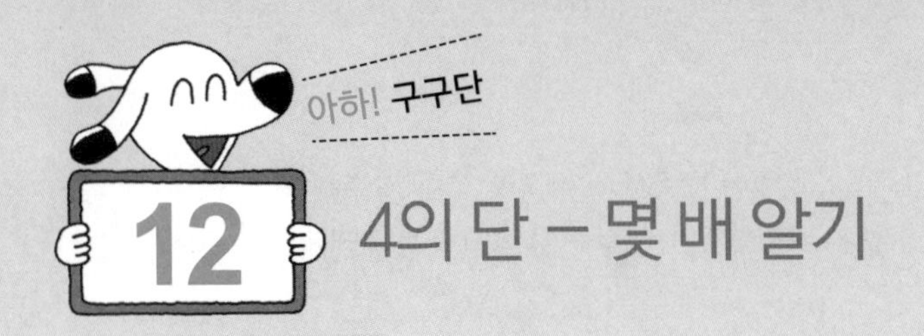


# 4의 단 – 몇 배 알기

다음 곱셈이 4의 몇 배인지 쓰고 계산하세요.

| 곱셈 | 몇 배 | 곱셈식 |
|---|---|---|
| 4×1 | 4의 [1] 배 | 4×1=[ ] |
| 4×2 | 4의 [ ] 배 | 4×2=[ ] |
| 4×3 | 4의 [ ] 배 | 4×3=[ ] |
| 4×4 | 4의 [ ] 배 | 4×4=[ ] |
| 4×5 | 4의 [ ] 배 | 4×5=[ ] |
| 4×6 | 4의 [ ] 배 | 4×6=[ ] |
| 4×7 | 4의 [ ] 배 | 4×7=[ ] |
| 4×8 | 4의 [ ] 배 | 4×8=[ ] |
| 4×9 | [ ] | 4×9=[ ] |

잠깐! 퀴즈

'4×9'는 4의 몇 배일까요?

① 4배　　② 9배

답 ②

+ − × ÷ 버스 바퀴는 4개, 악어 다리는 4개, 잠자리 날개는 4개, 네잎클로버의 잎의 수는 4개이므로 4의 단을 활용하면 쉽게 계산할 수 있어요.

다음 그림을 보고 4의 몇 배인지 곱셈식으로 나타내세요.

1. 스쿨버스가 3대 있을 때 바퀴의 수

→ $4\times\square=\square$(개)

2. 악어가 5마리 있을 때 다리의 수

→ $4\times\square=\square$(개)

3. 잠자리가 6마리 있을 때 날개의 수

→ $4\times\square=\square$(개)

4. 네잎클로버가 8개 있을 때 꽃잎의 수

→ $4\times\square=\square$(개)

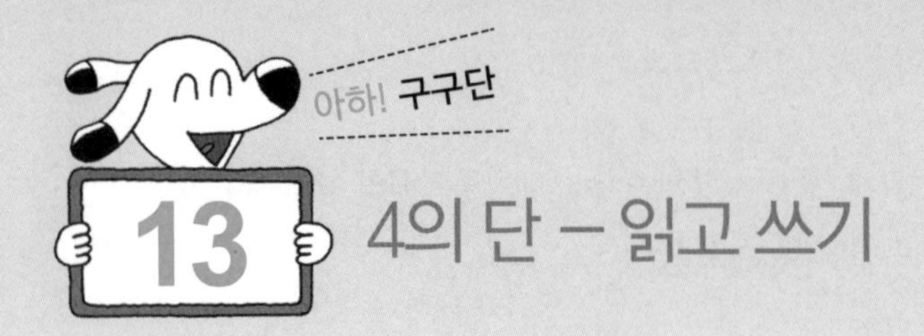


# 4의 단 – 읽고 쓰기

다음 4의 단을 바르게 읽고 쓰세요.

| 4의 단 | 읽기 | 쓰기 |
| --- | --- | --- |
| 4×1=4 | 사 일은 □ | 4×1=4 |
| 4×2=8 | 사 이 □ | 4× |
| 4×3=12 | 사 삼 십이 | |
| 4×4=16 | 사 사 □ | |
| 4×5=20 | 사 오 □ | |
| 4×6=24 | 사 육 □ | |
| 4×7=28 | 사 칠 □ | |
| 4×8=32 | □ 팔 삼십이 | |
| 4×9=36 | □ | |

잠깐! 퀴즈

'4×3=12'와 두 수의 곱이 같은 곱셈은 무엇일까요?

① 2×3　　② 3×4

정답 ②

4의 단과 곱의 결과가 같은 2의 단: 2×4=8 ↔ 4×2=8
4의 단과 곱의 결과가 같은 3의 단: 3×4=12 ↔ 4×3=12
이처럼 곱셈은 두 수를 바꾸어 곱해도 곱의 결과가 같아요.

다음 4의 단을 읽은 것은 곱셈식으로 나타내고, 곱셈식은 바르게 읽으세요.

1. 사 오 이십 → 4 × ☐ = ☐

2. 사 팔 삼십이 →

3. 사 구 삼십육 →

4. 사 일은 사 →

5. 사 삼 십이 →

6. 4×4=16 → 사 사 ☐

7. 4×7=28 → 사 칠 ☐

8. 4×6=24 → 사 육 ☐

9. 4×2=8 → 사 이 ☐

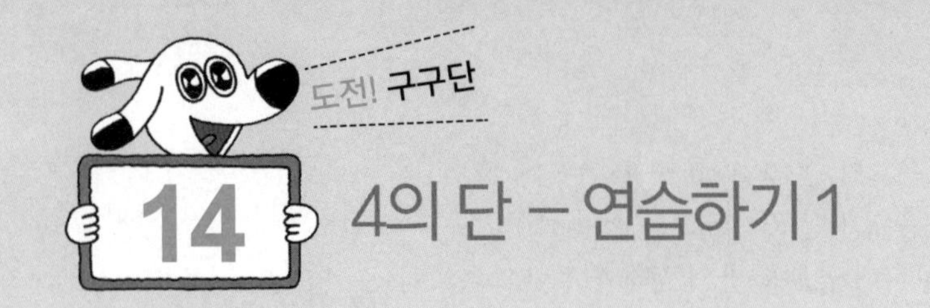


# 4의 단 – 연습하기 1

다음 □ 안에 두 수의 곱을 쓰세요.

1. $4 \times 1 = \square$
2. $4 \times 2 = \square$
3. $4 \times 3 = \square$
4. $4 \times 4 = \square$
5. $4 \times 5 = \square$
6. $4 \times 6 = \square$
7. $4 \times 7 = \square$
8. $4 \times 8 = \square$
9. $4 \times 9 = \square$
10. $4 \times 9 = \square$
11. $4 \times 8 = \square$
12. $4 \times 7 = \square$
13. $4 \times 6 = \square$
14. $4 \times 5 = \square$
15. $4 \times 4 = \square$
16. $4 \times 3 = \square$
17. $4 \times 2 = \square$
18. $4 \times 1 = \square$

4의 단은 2의 단의 짝수 번째 곱셈을 떠올리세요!
2, ④, 6, ⑧, 10, ⑫, 14, ⑯

## 다음 □ 안에 두 수의 곱을 쓰세요.

① $4 \times 5 = \square$

② $4 \times 1 = \square$

③ $4 \times 4 = \square$

④ $4 \times 8 = \square$

⑤ $4 \times 6 = \square$

⑥ $4 \times 7 = \square$

⑦ $4 \times 2 = \square$

⑧ $4 \times 3 = \square$

⑨ $4 \times 9 = \square$

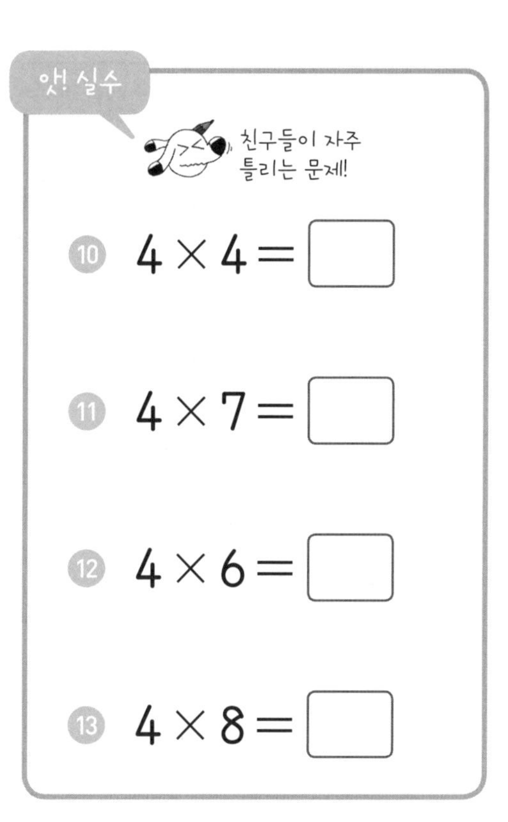


⑩ $4 \times 4 = \square$

⑪ $4 \times 7 = \square$

⑫ $4 \times 6 = \square$

⑬ $4 \times 8 = \square$

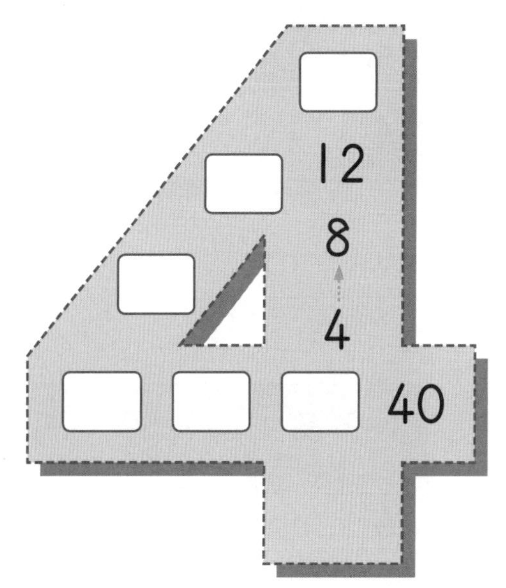

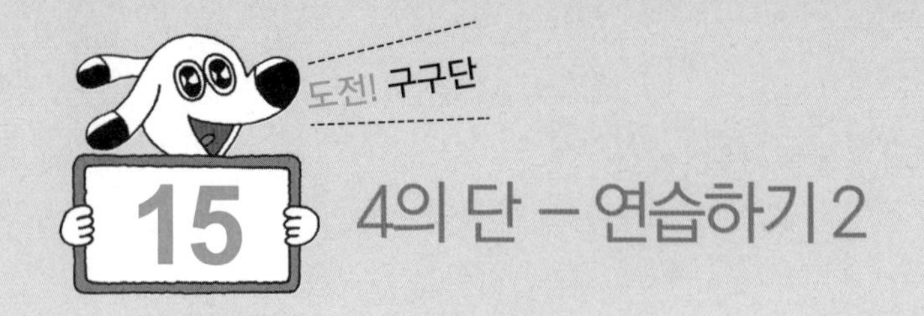


# 4의 단 – 연습하기 2

다음 10칸 곱셈표를 완성하세요.

①

| × | 1 | 2 | 3 | 4 | 5 | 6 | 7 | 8 | 9 | 10 |
|---|---|---|---|---|---|---|---|---|---|---|
| 4 | 4 | 8 | | 16 | | | | | 36 | 40 |

②

| × | 10 | 9 | 8 | 7 | 6 | 5 | 4 | 3 | 2 | 1 |
|---|---|---|---|---|---|---|---|---|---|---|
| 4 | 40 | | | | | | | | | |

③

| × | 5 | 7 | 1 | 6 | 2 | 9 | 8 | 3 | 4 | 10 |
|---|---|---|---|---|---|---|---|---|---|---|
| 4 | | | | | | | | | | 40 |

④

| × | 4 | 7 | 9 | 5 | 1 | 3 | 8 | 10 | 2 | 6 |
|---|---|---|---|---|---|---|---|---|---|---|
| 4 | | | | | | | | 40 | | |

바른 답을 따라 갔을 때 받을 수 있는 선물에 ◯표 하세요.

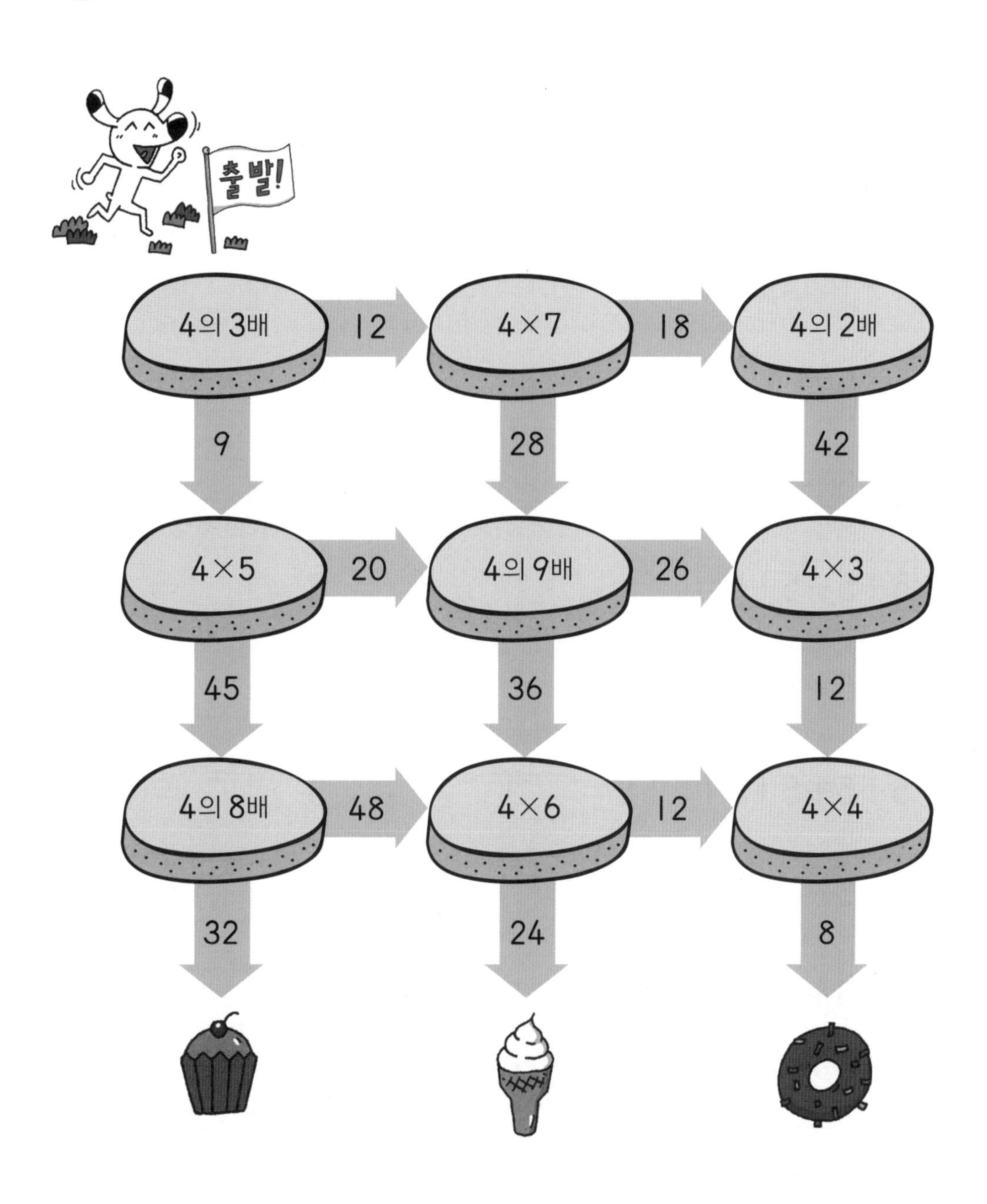

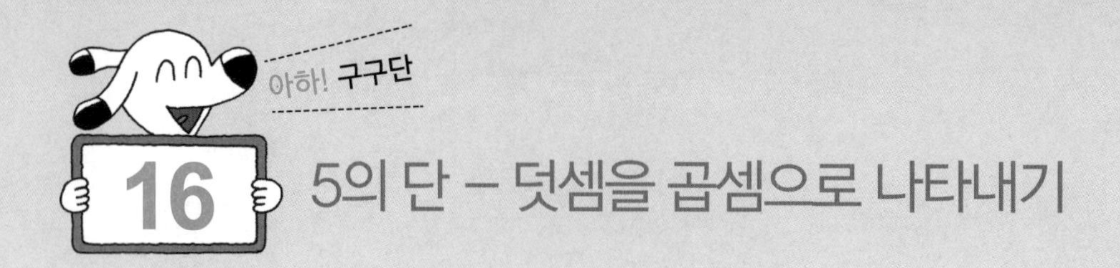


# 5의 단 – 덧셈을 곱셈으로 나타내기

다음 덧셈을 하고 곱셈식으로 나타내세요.

| 같은 수를 여러 번 더하기 | 곱셈식으로 나타내기 |
|---|---|
| 5 | 5 × 1 = 5 |
| 5+5=10 | 5 × ☐ = ☐ |
| $\overbrace{5+5}^{10}+5=$ ☐ | 5 × ☐ = ☐ |
| $\overbrace{5+5+5}^{15}+5=$ ☐ | 5 × ☐ = ☐ |
| $\overbrace{5+5+5+5}^{20}+5=$ ☐ | 5 × ☐ = ☐ |
| 5+5+5+5+5+5= ☐ | 5 × ☐ = ☐ |
| 5+5+5+5+5+5+5= ☐ | 5 × ☐ = ☐ |
| 5+5+5+5+5+5+5+5= ☐ | ☐ × ☐ = ☐ |
| 5+5+5+5+5+5+5+5+5= ☐ | ☐ × ☐ = ☐ |

잠깐! 퀴즈

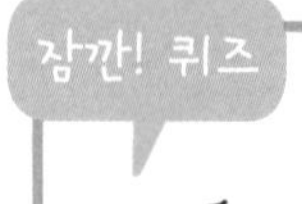

5장씩 묶어 있는 색종이가 4묶음 있습니다. 색종이는 모두 몇 장일까요?

① 20장　　② 40장

정답 ①

5의 단은 5, 10, 15, 20, 25, 30, 35, 40, 45처럼 일의 자리의 수가 5와 0이 반복적으로 나와서 익히기가 쉬워요.

다음 덧셈은 곱셈식으로, 곱셈은 덧셈식으로 나타내세요.

① 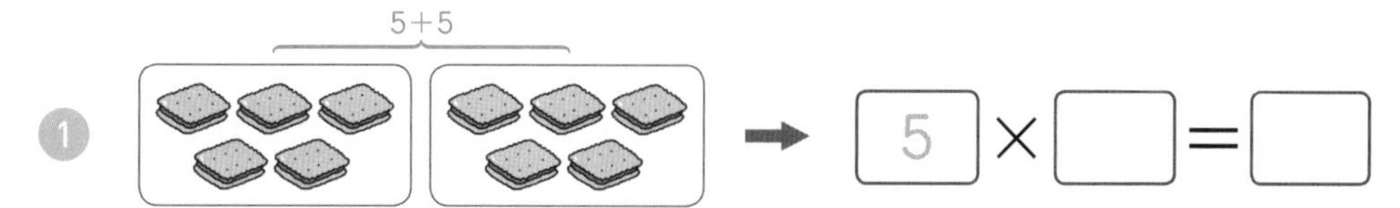

→ 5 × ☐ = ☐

② 5 → ☐ × ☐ = ☐

③ $5+5+5+5+5+5$ →

④ $5+5+5+5+5+5+5$ →

⑤ $5+5+5+5+5+5+5+5$ →

⑥ $5 \times 3$ → ☐ + ☐ + ☐ = ☐

⑦ $5 \times 5$ →

⑧ $5 \times 4$ →

⑨ $5 \times 9$ →

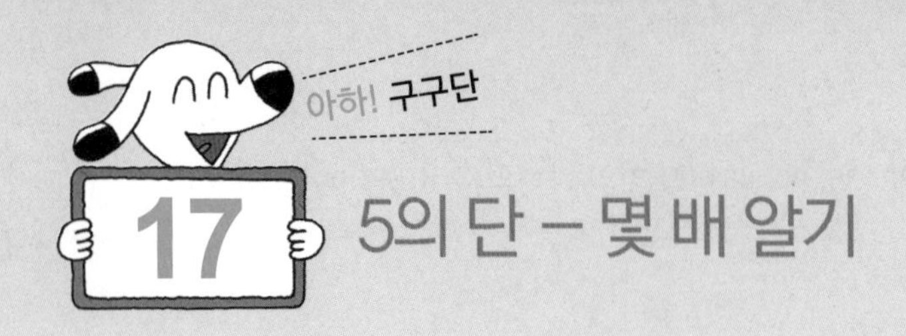


# 5의 단 – 몇 배 알기

다음 곱셈이 5의 몇 배인지 쓰고 계산하세요.

| 곱셈 | 몇 배 | 곱셈식 |
|---|---|---|
| 5×1 | 5의 [1] 배 | 5×1=[5] |
| 5×2 | 5의 [ ] 배 | 5×2=[ ] |
| 5×3 | 5의 [ ] 배 | 5×3=[ ] |
| 5×4 | 5의 [ ] 배 | 5×4=[ ] |
| 5×5 | 5의 [ ] 배 | 5×5=[ ] |
| 5×6 | 5의 [ ] 배 | 5×6=[ ] |
| 5×7 | 5의 [ ] 배 | 5×7=[ ] |
| 5×8 | 5의 [ ] 배 | 5×8=[ ] |
| 5×9 | [ ] | 5×9=[ ] |

잠깐! 퀴즈

‘5×7’의 곱과 같은 것은 무엇일까요?

① 5+5+5+5+5　　　② 5의 7배

정답 ②

5×1은 5의 1배(한 배), 5×2는 5의 2배(두 배), 5×3은 5의 3배(세 배)처럼 곱셈을 몇 배로 표현하고, 몇 배를 곱셈으로 표현하는 것에 익숙해져야 해요.

지후의 집은 5층입니다. 다음 그림을 보고 물음에 답하세요.

① 영지 집의 층수는 지후 집의 2배

➡ 5×□=□(층)

② 민규 집의 층수는 지후 집의 3배

➡ 5×□=□(층)

③ 현우 집의 층수는 지후 집의 5배

➡ 5×□=□(층)

④ 건물 맨 위층은 지후 집의 9배

➡ 5×□=□(층)

# 5의 단 – 읽고 쓰기

다음 5의 단을 바르게 읽고 쓰세요.

| 5의 단 | 읽기 | 쓰기 |
|---|---|---|
| 5×1=5 | 오 일은 [ ] | 5×1=5 |
| 5×2=10 | 오 이 [ ] | 5× |
| 5×3=15 | 오 삼 십오 | |
| 5×4=20 | 오 사 [ ] | |
| 5×5=25 | 오 오 [ ] | |
| 5×6=30 | 오 육 [ ] | |
| 5×7=35 | 오 칠 삼십오 | |
| 5×8=40 | [ ] 팔 [ ] | |
| 5×9=45 | [ ] | |

잠깐! 퀴즈

'오 육 삼십'을 곱셈식으로 바르게 나타낸 것은 무엇일까요?

① 5×6=30 ② 6×5=30

정답 ①

각 단을 소리 내어 읽고 쓰면서 반복적으로 연습하세요!
집중력이 생기면서 학습 효과도 더 높아질 거예요.

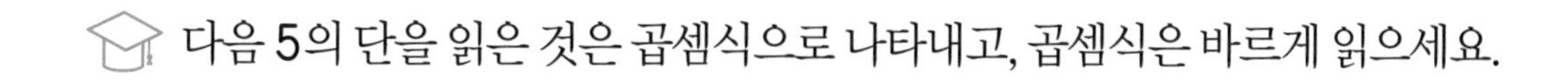

다음 5의 단을 읽은 것은 곱셈식으로 나타내고, 곱셈식은 바르게 읽으세요.

① 오 일은 오 ➡ 5 × ☐ = ☐

② 오 이 십 ➡

③ 오 사 이십 ➡

④ 오 칠 삼십오 ➡

⑤ 오 구 사십오 ➡

⑥ 5 × 3 = 15 ➡ 오 삼 ☐

⑦ 5 × 5 = 25 ➡ 오 오 ☐

⑧ 5 × 6 = 30 ➡ 오 육 ☐

⑨ 5 × 8 = 40 ➡ 오 팔 ☐

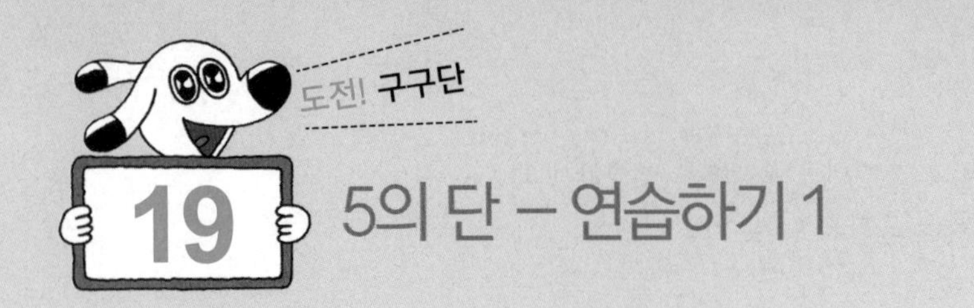


# 5의 단 – 연습하기 1

다음 □ 안에 두 수의 곱을 쓰세요.

① $5 \times 1 = \square$

② $5 \times 2 = \square$

③ $5 \times 3 = \square$

④ $5 \times 4 = \square$

⑤ $5 \times 5 = \square$

⑥ $5 \times 6 = \square$

⑦ $5 \times 7 = \square$

⑧ $5 \times 8 = \square$

⑨ $5 \times 9 = \square$

⑩ $5 \times 9 = \square$

⑪ $5 \times 8 = \square$

⑫ $5 \times 7 = \square$

⑬ $5 \times 6 = \square$

⑭ $5 \times 5 = \square$

⑮ $5 \times 4 = \square$

⑯ $5 \times 3 = \square$

⑰ $5 \times 2 = \square$

⑱ $5 \times 1 = \square$

5의 단은 시계의 분침을 생각하면 쉬워요.
5분, 10분, 15분, 20분, …

다음 □ 안에 두 수의 곱을 쓰세요.

① $5 \times 5 = \square$

② $5 \times 7 = \square$

③ $5 \times 2 = \square$

④ $5 \times 1 = \square$

⑤ $5 \times 6 = \square$

⑥ $5 \times 8 = \square$

⑦ $5 \times 9 = \square$

⑧ $5 \times 3 = \square$

⑨ $5 \times 4 = \square$

앗! 실수

친구들이 자주 틀리는 문제!

⑩ $5 \times 6 = \square$

⑪ $5 \times 9 = \square$

⑫ $5 \times 8 = \square$

⑬ $5 \times 7 = \square$

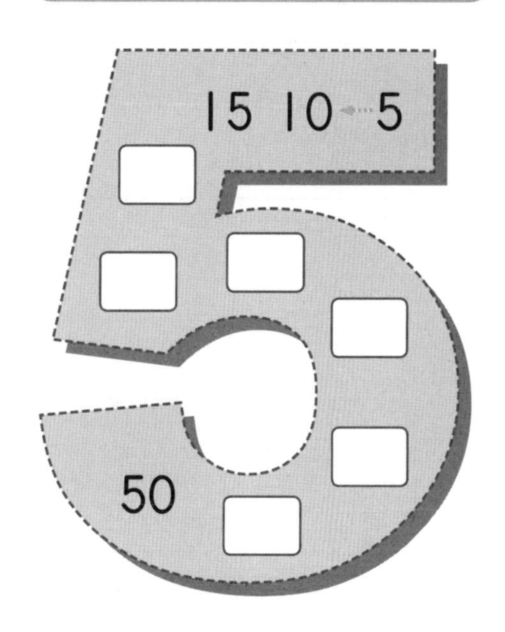

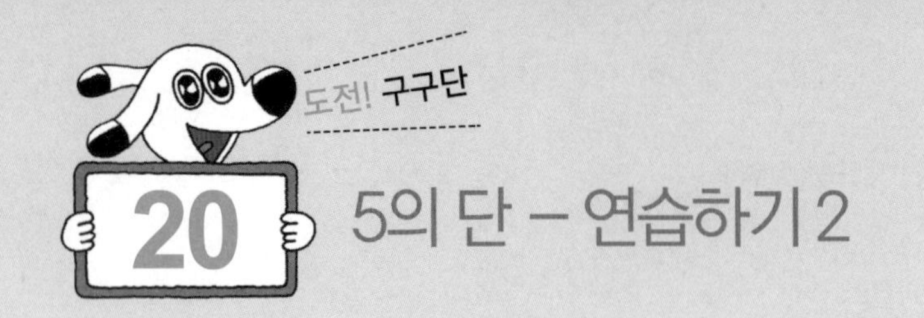


# 5의 단 – 연습하기 2

다음 10칸 곱셈표를 완성하세요.

①

| × | 1 | 2 | 3 | 4 | 5 | 6 | 7 | 8 | 9 | 10 |
|---|---|---|---|---|---|---|---|---|---|---|
| 5 | 5 | | | 20 | | 30 | | 40 | | 50 |

②

| × | 10 | 9 | 8 | 7 | 6 | 5 | 4 | 3 | 2 | 1 |
|---|---|---|---|---|---|---|---|---|---|---|
| 5 | 50 | | | | | | | | | |

③

| × | 8 | 6 | 4 | 2 | 9 | 7 | 5 | 3 | 1 | 10 |
|---|---|---|---|---|---|---|---|---|---|---|
| 5 | | | | | | | | | | 50 |

④

| × | 1 | 10 | 2 | 9 | 3 | 7 | 4 | 6 | 5 | 8 |
|---|---|---|---|---|---|---|---|---|---|---|
| 5 | | 50 | | | | | | | | |

다음 두 수의 곱이 가장 큰 곱셈과 가장 작은 곱셈을 찾아 색칠하세요.

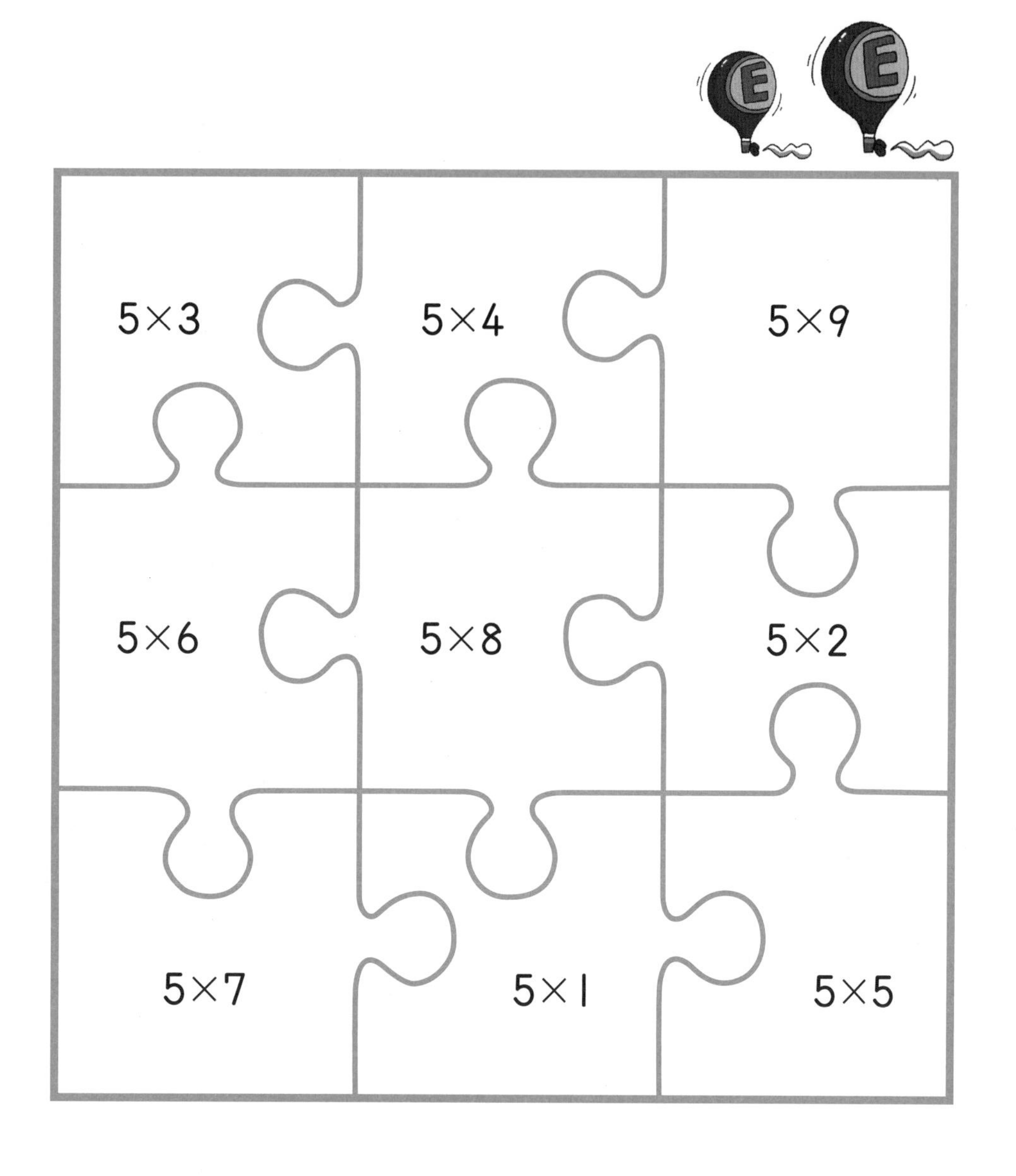

# 21 돌발, 섞어 구구단 1

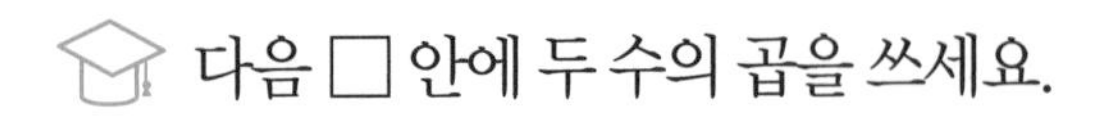

다음 □ 안에 두 수의 곱을 쓰세요.

① $2 \times 4 =$ □

② $2 \times 5 =$ □

③ $3 \times 4 =$ □

④ $3 \times 2 =$ □

⑤ $5 \times 4 =$ □

⑥ $4 \times 4 =$ □

⑦ $2 \times 3 =$ □

⑧ $2 \times 8 =$ □

⑨ $3 \times 5 =$ □

⑩ $2 \times 9 =$ □

⑪ $3 \times 7 =$ □

⑫ $4 \times 7 =$ □

⑬ $4 \times 6 =$ □

⑭ $4 \times 9 =$ □

⑮ $5 \times 6 =$ □

⑯ $5 \times 7 =$ □

⑰ $3 \times 8 =$ □

⑱ $5 \times 3 =$ □

다음 □ 안에 두 수의 곱을 쓰세요.

① $2 \times 6 =$ □

② $3 \times 3 =$ □

③ $3 \times 6 =$ □

④ $3 \times 5 =$ □

⑤ $5 \times 5 =$ □

⑥ $5 \times 9 =$ □

⑦ $2 \times 7 =$ □

⑧ $3 \times 9 =$ □

⑨ $4 \times 5 =$ □

앗! 실수

⑩ $3 \times 8 =$ □

⑪ $4 \times 7 =$ □

⑫ $4 \times 8 =$ □

⑬ $5 \times 7 =$ □

⑭ $3 \times 9 =$ □

⑮ $4 \times 6 =$ □

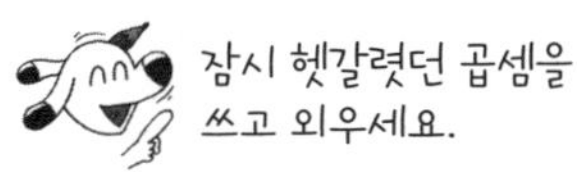

□ × □ = □

# 돌발, 섞어 구구단 2

다음 □ 안에 두 수의 곱을 쓰세요.

① $3 \times 4 =$ □

② $3 \times 8 =$ □

③ $5 \times 6 =$ □

④ $4 \times 7 =$ □

⑤ $3 \times 5 =$ □

⑥ $5 \times 9 =$ □

⑦ $2 \times 8 =$ □

⑧ $2 \times 7 =$ □

⑨ $3 \times 6 =$ □

⑩ $4 \times 3 =$ □

⑪ $4 \times 4 =$ □

⑫ $4 \times 9 =$ □

⑬ $5 \times 2 =$ □

⑭ $3 \times 9 =$ □

⑮ $2 \times 6 =$ □

⑯ $4 \times 8 =$ □

⑰ $3 \times 7 =$ □

⑱ $5 \times 8 =$ □

다음 □ 안에 두 수의 곱을 쓰세요.

① $5 \times 5 = \square$

② $4 \times 6 = \square$

③ $3 \times 3 = \square$

④ $2 \times 9 = \square$

⑤ $2 \times 7 = \square$

⑥ $4 \times 5 = \square$

⑦ $3 \times 5 = \square$

⑧ $4 \times 2 = \square$

⑨ $5 \times 6 = \square$

**앗! 실수**

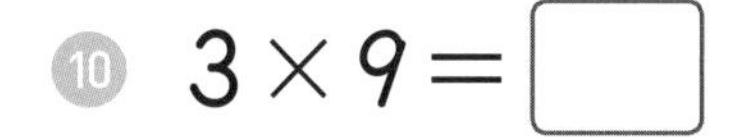

⑩ $3 \times 9 = \square$

⑪ $4 \times 9 = \square$

⑫ $5 \times 7 = \square$

⑬ $4 \times 8 = \square$

⑭ $2 \times 8 = \square$

⑮ $4 \times 7 = \square$

잠시 헷갈렸던 곱셈을 쓰고 외우세요.

$\square \times \square = \square$

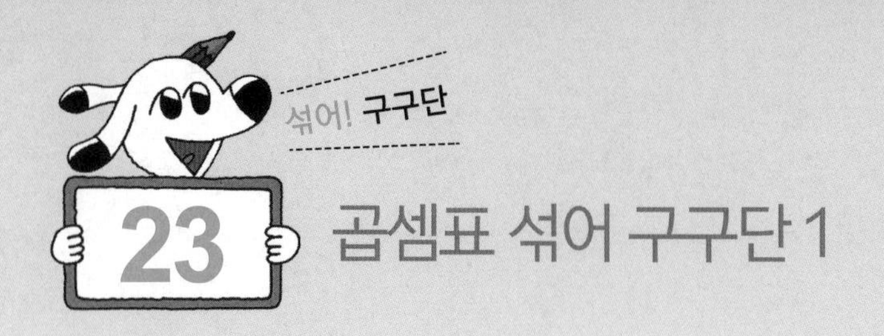


# 곱셈표 섞어 구구단 1

다음 2~5단의 곱셈표를 완성하세요.

| 2단 | | 3단 | | 4단 | | 5단 | |
|---|---|---|---|---|---|---|---|
| 1 | 2 | 1 | 3 | 1 | 4 | 1 | 5 |
| 2 | | 2 | | 2 | | 2 | |
| 3 | | 3 | | 3 | | 3 | |
| 4 | | 4 | | 4 | | 4 | |
| 5 | | 5 | | 5 | | 5 | |
| 6 | | 6 | | 6 | | 6 | |
| 7 | | 7 | | 7 | | 7 | |
| 8 | | 8 | | 8 | | 8 | |
| 9 | | 9 | | 9 | | 9 | |

다음 2~5단의 거꾸로 된 곱셈표를 완성하세요.

| 2단 | | 3단 | | 4단 | | 5단 | |
|---|---|---|---|---|---|---|---|
| 9 | | 9 | | 9 | | 9 | |
| 8 | | 8 | | 8 | | 8 | |
| 7 | | 7 | | 7 | | 7 | |
| 6 | | 6 | | 6 | | 6 | |
| 5 | | 5 | | 5 | | 5 | |
| 4 | | 4 | | 4 | | 4 | |
| 3 | | 3 | | 3 | | 3 | |
| 2 | | 2 | | 2 | | 2 | |
| 1 | | 1 | | 1 | | 1 | |

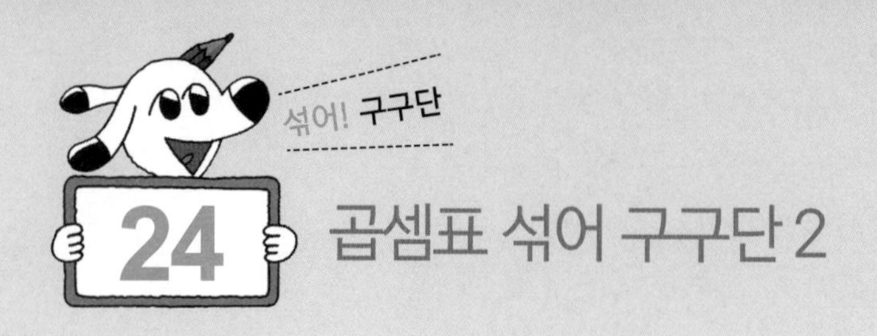


# 24 곱셈표 섞어 구구단 2

다음 ♥ 칸에 두 수의 곱을 쓰고, 올바른 수의 규칙을 ○표 하세요.

| × | 1 | 2 | 3 | 4 | 5 | 6 | 7 | 8 | 9 |
|---|---|---|---|---|---|---|---|---|---|
| 2 | ♥ | ♥ | ♥ | ♥ | ♥ | ♥ | ♥ | ♥ | ♥ |
| 3 |  | ♥ |  | ♥ |  | ♥ |  | ♥ |  |
| 4 | ♥ | ♥ | ♥ | ♥ | ♥ | ♥ | ♥ | ♥ | ♥ |
| 5 |  | ♥ |  | ♥ |  | ♥ |  | ♥ |  |

다음 곱셈표를 완성하세요.

①

| × | 5 | 2 | 1 | 8 | 4 | 7 | 9 | 3 | 6 |
|---|---|---|---|---|---|---|---|---|---|
| 2 | | | | | | | | | |

②

| × | 1 | 9 | 7 | 5 | 2 | 3 | 6 | 8 | 4 |
|---|---|---|---|---|---|---|---|---|---|
| 3 | | | | | | | | | |

③

| × | 4 | 5 | 3 | 9 | 7 | 1 | 2 | 6 | 8 |
|---|---|---|---|---|---|---|---|---|---|
| 4 | | | | | | | | | |

④

| × | 3 | 5 | 7 | 9 | 1 | 2 | 4 | 6 | 8 |
|---|---|---|---|---|---|---|---|---|---|
| 5 | | | | | | | | | |

# 그림 섞어 구구단 1

다음 2의 단 곱셈표에 두 수의 곱을 쓰세요.

| × | 1 | 2 | 3 | 4 | 5 | 6 | 7 | 8 | 9 | 10 |
|---|---|---|---|---|---|---|---|---|---|---|
| 2 | 2 | | | | | | | | | 20 |

곱의 **일의 자리** 숫자에 해당하는 점을 선으로 잇고 규칙을 찾아보세요.

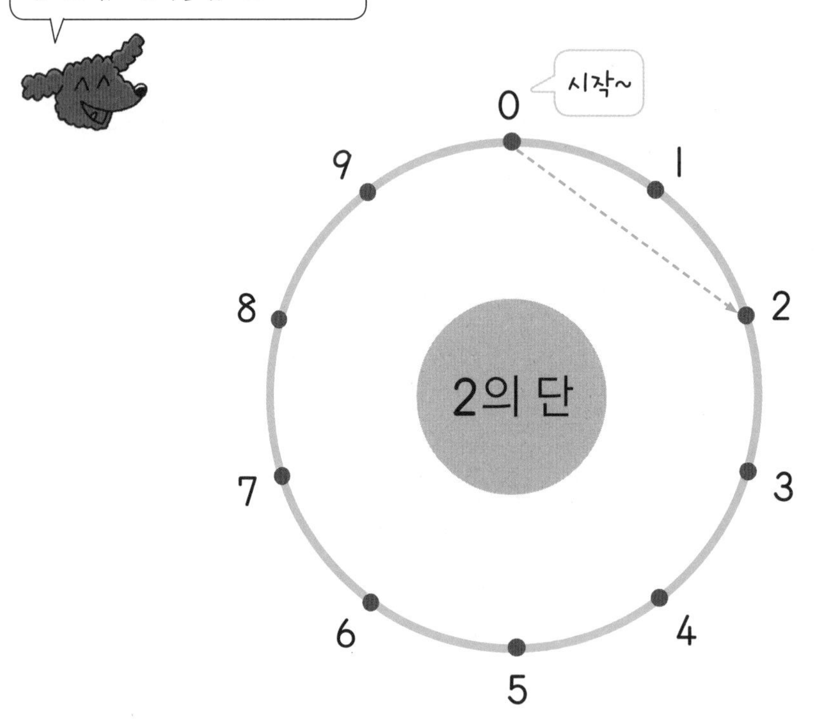


규칙 0을 시작으로 원에 선을 그으면 순서대로 0, ☐, ☐, ☐, ☐, 0 순으로 그려지며, (삼각형, 오각형) 모양의 도형이 그려집니다.

다음 3의 단 곱셈표에 두 수의 곱을 쓰세요.

| × | 1 | 2 | 3 | 4 | 5 | 6 | 7 | 8 | 9 | 10 |
|---|---|---|---|---|---|---|---|---|---|---|
| 3 | 3 | | | | | | | | | 30 |

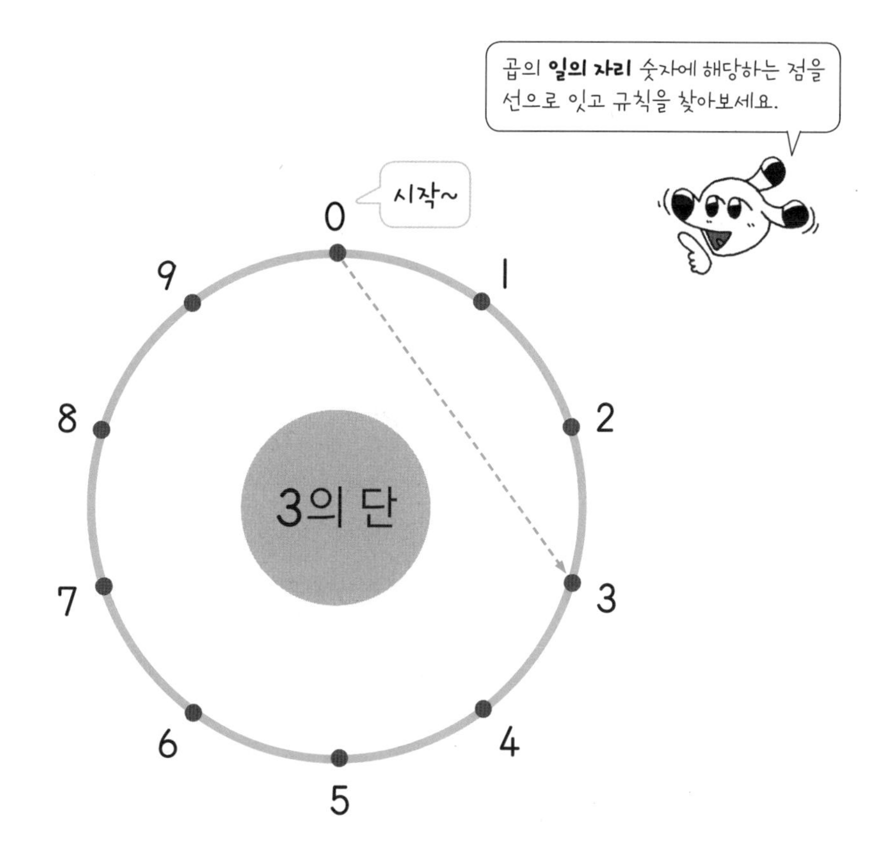


규칙 0을 시작으로 원에 선을 그으면 (톱니바퀴, 벌집) 모양의 도형이 그려집니다.

# 그림 섞어 구구단 2

다음 4의 단 곱셈표에 두 수의 곱을 쓰세요.

| × | 1 | 2 | 3 | 4 | 5 | 6 | 7 | 8 | 9 | 10 |
|---|---|---|---|---|---|---|---|---|---|---|
| 4 | 4 | | | | | | | | | 40 |

곱의 일의 자리 숫자에 해당하는 점을 선으로 잇고 규칙을 찾아보세요.

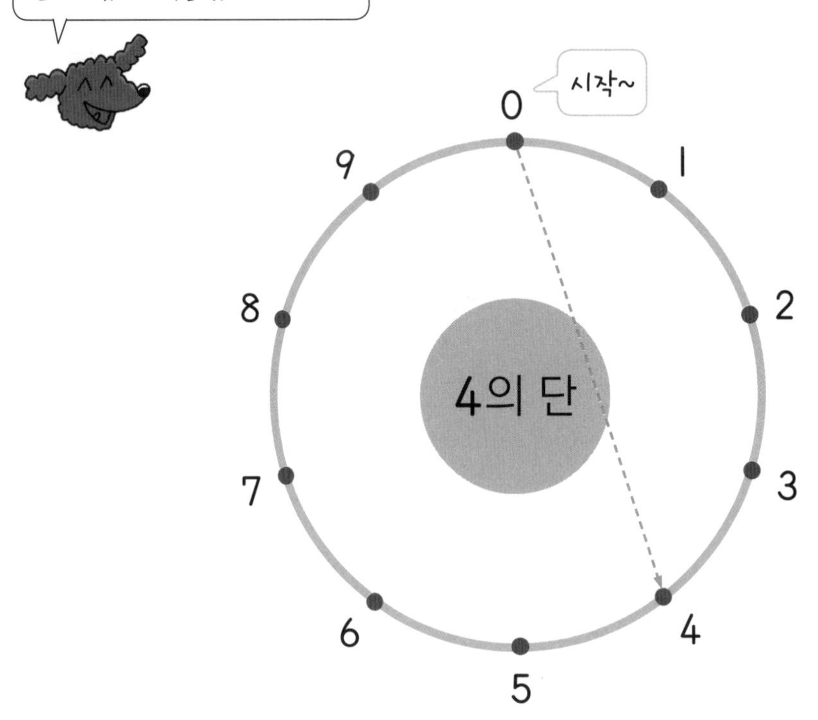


규칙 0을 시작으로 원에 선을 그으면 순서대로 [ 0 ], [ ], [ ], [ ], [ ], [ 0 ] 순으로 그려지며, (별, 삼각형) 모양의 도형이 그려집니다.

다음 5의 단 곱셈표에 두 수의 곱을 쓰세요.

| × | 1 | 2 | 3 | 4 | 5 | 6 | 7 | 8 | 9 | 10 |
|---|---|---|---|---|---|---|---|---|---|---|
| 5 | 5 | | | | | | | | | 50 |

곱의 일의 자리 숫자에 해당하는 점을 선으로 잇고 규칙을 찾아보세요.

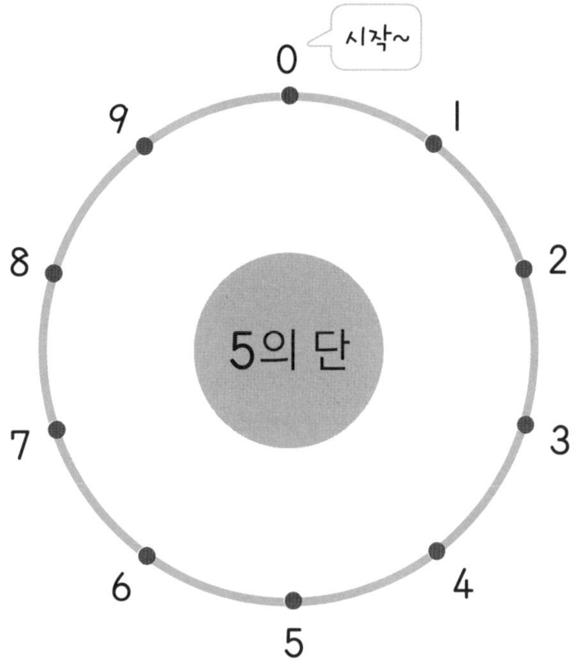

시작~

0, 1, 2, 3, 4, 5, 6, 7, 8, 9

5의 단

규칙 0을 시작으로 원에 선을 그으면 순서대로 [ 0 ], [ ] 사이를 반복적으로 왔다 갔다 합니다.

# 둘째 마당

# 10의 단까지 익히기

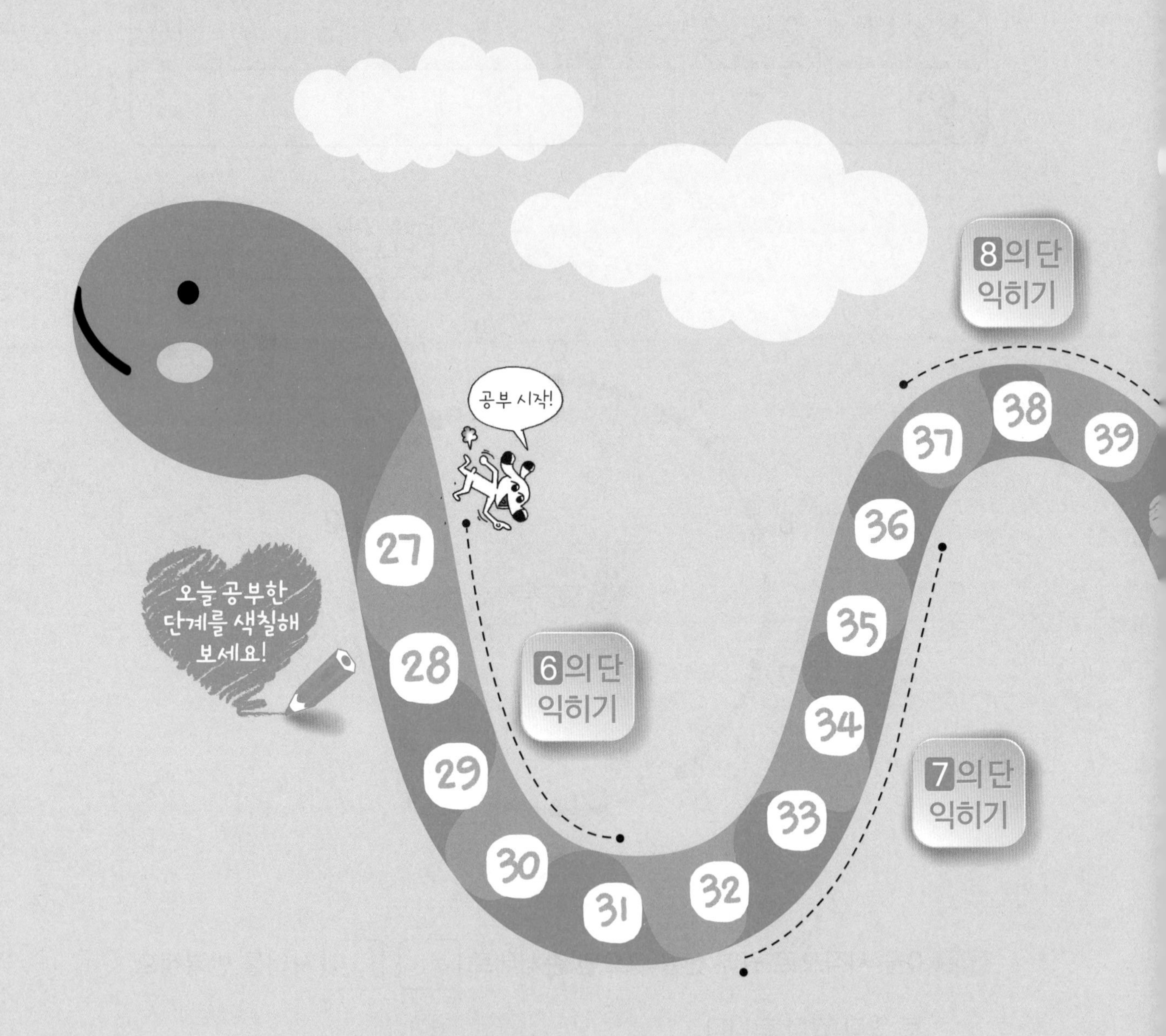

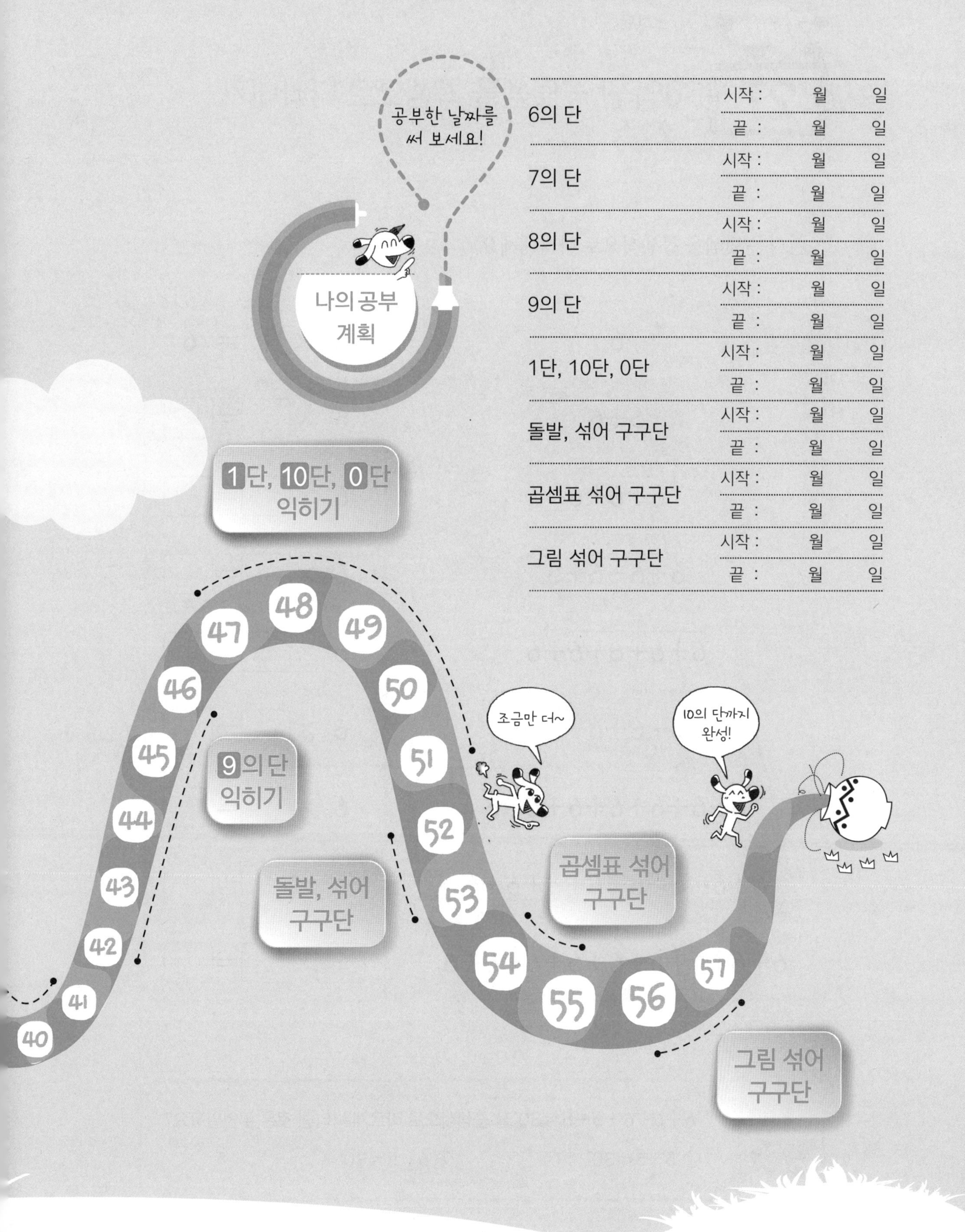


| | | | |
|---|---|---|---|
| 6의 단 | 시작 : | 월 | 일 |
| | 끝 : | 월 | 일 |
| 7의 단 | 시작 : | 월 | 일 |
| | 끝 : | 월 | 일 |
| 8의 단 | 시작 : | 월 | 일 |
| | 끝 : | 월 | 일 |
| 9의 단 | 시작 : | 월 | 일 |
| | 끝 : | 월 | 일 |
| 1단, 10단, 0단 | 시작 : | 월 | 일 |
| | 끝 : | 월 | 일 |
| 돌발, 섞어 구구단 | 시작 : | 월 | 일 |
| | 끝 : | 월 | 일 |
| 곱셈표 섞어 구구단 | 시작 : | 월 | 일 |
| | 끝 : | 월 | 일 |
| 그림 섞어 구구단 | 시작 : | 월 | 일 |
| | 끝 : | 월 | 일 |

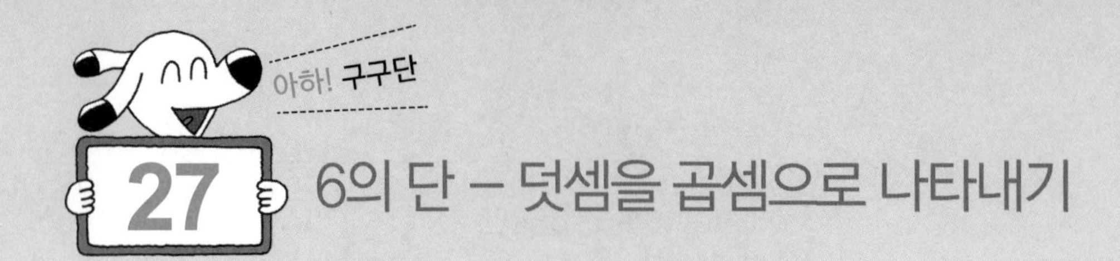


다음 덧셈을 곱셈식으로 나타내세요.

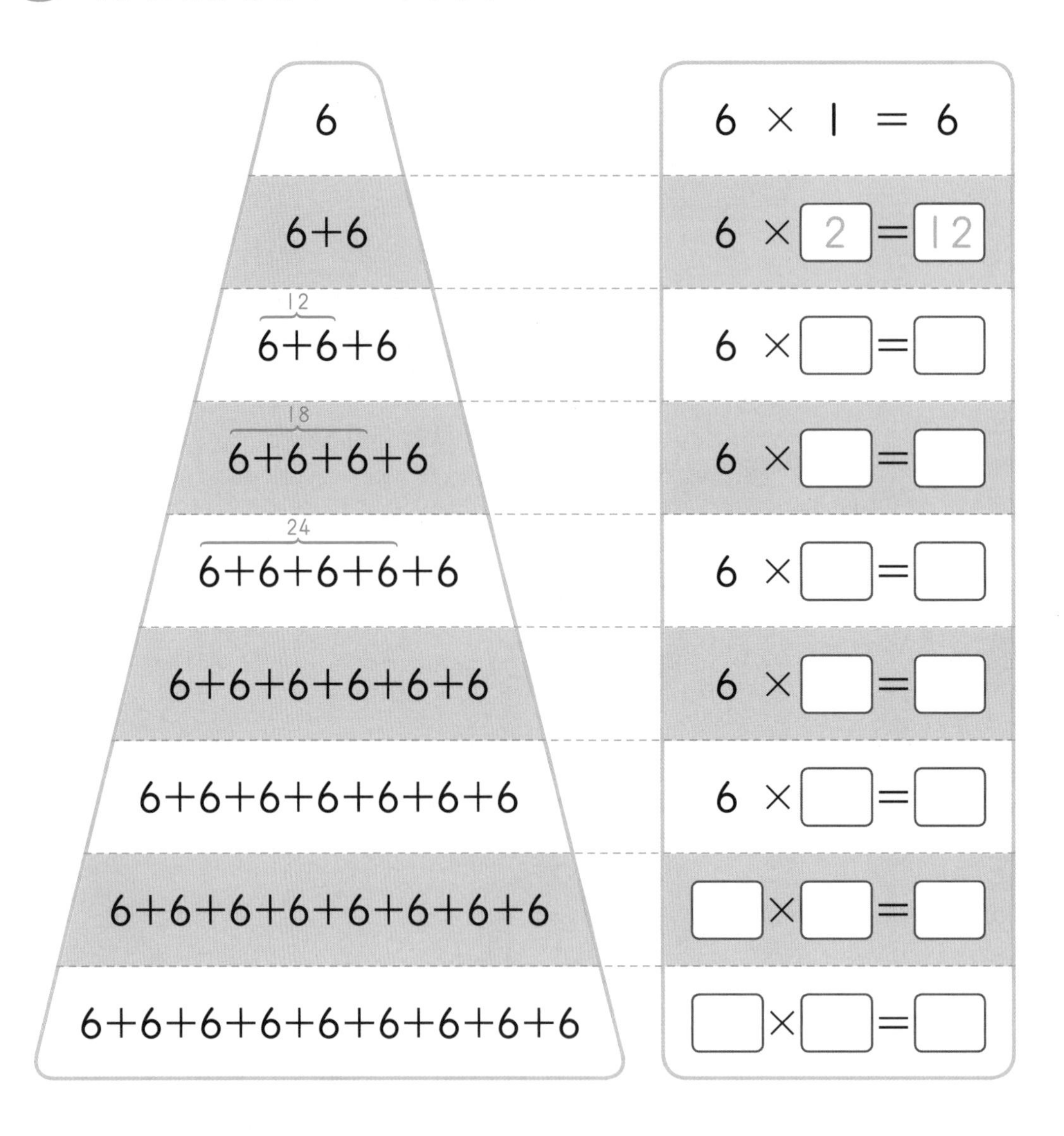


잠깐! 퀴즈

'6+6+6+6+6=30'을 곱셈식으로 바르게 나타낸 것은 무엇일까요?

① 5×6=30 ② 6×5=30

② 정답

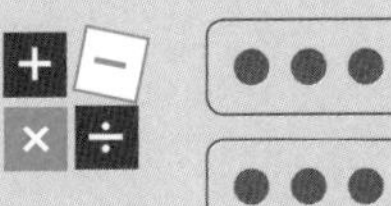

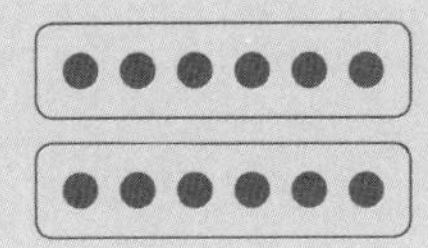

6개의 구슬 2묶음을 곱셈식으로 나타낼 때 6은 곱해지는 수, 2는 곱하는 수, 12는 곱의 결과예요.

$$6 \times 2 = 12$$

곱해지는 수 (6) / 곱하는 수 (2) / 두 수의 곱 (12)

다음 덧셈은 곱셈식으로, 곱셈은 덧셈식으로 나타내세요.

1. 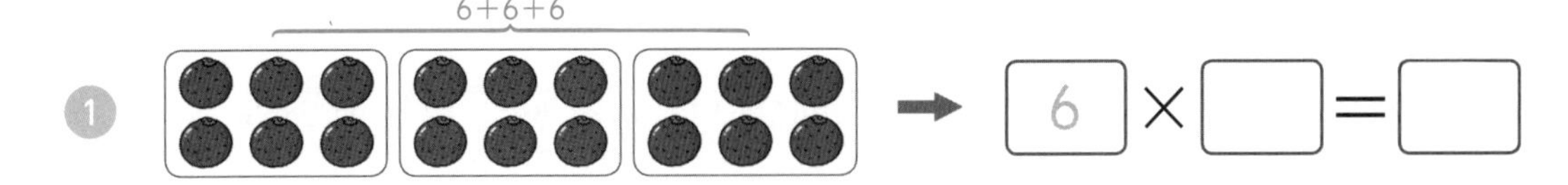


2. $6+6+6+6$ →

3. $6$ → □ × □ = □

4. $6+6+6+6+6+6+6$ →

5. $6+6+6+6+6+6+6+6$ →

6. $6 \times 2$ → □ + □ = □

7. $6 \times 9$ →

8. $6 \times 5$ →

9. $6 \times 6$ →

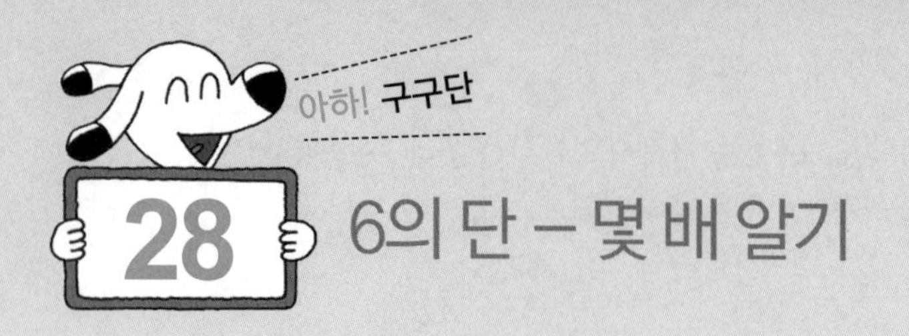


# 6의 단 – 몇 배 알기

다음 곱셈이 6의 몇 배인지 쓰고 계산하세요.

| 곱셈 | 몇 배 | 곱셈식 |
|---|---|---|
| 6×1 | 6의 [1]배 | 6×1=[6] |
| 6×2 | 6의 [ ]배 | 6×2=[ ] |
| 6×3 | 6의 [ ]배 | 6×3=[ ] |
| 6×4 | 6의 [ ]배 | 6×4=[ ] |
| 6×5 | 6의 [ ]배 | 6×5=[ ] |
| 6×6 | 6의 [ ]배 | 6×6=[ ] |
| 6×7 | 6의 [ ]배 | 6×7=[ ] |
| 6×8 | [ ]의 [ ]배 | 6×8=[ ] |
| 6×9 | [ ]의 [ ]배 | 6×9=[ ] |

잠깐! 퀴즈

'6×5'와 계산 결과가 같은 것은 무엇일까요?

① 6의 5배　　　② 5+5+5+5

정답 ①

'6의 몇 배'를 곱셈식으로 나타내는 것은 6의 단을 나타내는 것과 같아요.
따라서 곱셈 기호 앞에는 6을 쓰고, 곱셈 기호 뒤에는 몇 배를 쓰면 돼요.

6의 5배 $\xrightarrow{\text{곱셈식}}$ 6×5=30

## 다음 동물의 위치를 보고 6의 몇 배인지 쓴 다음, 곱셈식으로 나타내세요.

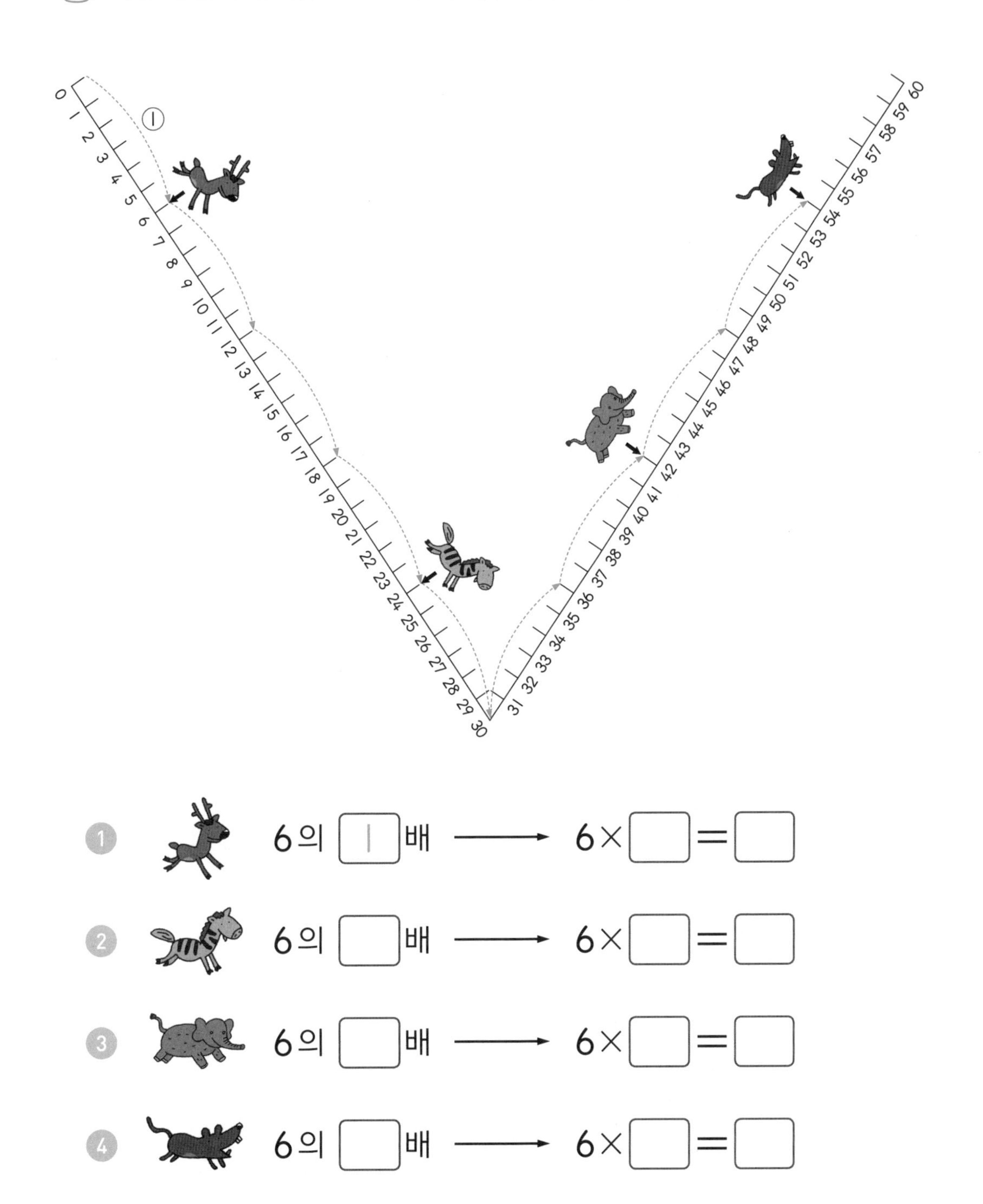

❶ 6의 [ 1 ]배 ⟶ 6×[ ]=[ ]

❷ 6의 [ ]배 ⟶ 6×[ ]=[ ]

❸ 6의 [ ]배 ⟶ 6×[ ]=[ ]

❹ 6의 [ ]배 ⟶ 6×[ ]=[ ]

# 29 6의 단 – 읽고 쓰기

다음 6의 단을 바르게 읽고 쓰세요.

| 6의 단 | 읽기 | 쓰기 |
|---|---|---|
| 6×1=6 | 육 일은 □ | 6×1=6 |
| 6×2=12 | 육 이 십이 | 6× |
| 6×3=18 | 육 삼 □ | |
| 6×4=24 | 육 사 □ | |
| 6×5=30 | 육 오 삼십 | |
| 6×6=36 | 육 육 □ | |
| 6×7=42 | 육 칠 □ | |
| 6×8=48 | □ 팔 □ | |
| 6×9=54 | □ | |

잠깐! 퀴즈

'육 팔 사십팔'을 바르게 나타낸 것은 무엇일까요?

① 6×8=48　　② 8×6=48

정답 ①

+ − × ÷

6의 단은 2단~5단보다 틀리기 쉬워요. 따라서 6의 단을 익힐 때에는 큰 소리로 외우며 익히세요.
특히 6×7=42, 6×8=48, 6×9=54는 실수하지 않도록 주의해야 해요.

다음 6의 단을 읽은 것은 곱셈식으로 나타내고, 곱셈식은 바르게 읽으세요.

① 육 일은 육 → [6] × [ ] = [ ]

② 육 삼 십팔 →

③ 육 사 이십사 →

④ 육 팔 사십팔 →

⑤ 육 칠 사십이 →

⑥ $6 \times 2 = 12$ → 육 이 [ ]

⑦ $6 \times 5 = 30$ → 육 오 [ ]

⑧ $6 \times 6 = 36$ → 육 육 [ ]

⑨ $6 \times 9 = 54$ → 육 구 [ ]

# 6의 단 – 연습하기 1

다음 □ 안에 두 수의 곱을 쓰세요.

① $6 \times 1 =$ □

② $6 \times 2 =$ □

③ $6 \times 3 =$ □

④ $6 \times 4 =$ □

⑤ $6 \times 5 =$ □

⑥ $6 \times 6 =$ □

⑦ $6 \times 7 =$ □

⑧ $6 \times 8 =$ □

⑨ $6 \times 9 =$ □

⑩ $6 \times 9 =$ □

⑪ $6 \times 8 =$ □

⑫ $6 \times 7 =$ □

⑬ $6 \times 6 =$ □

⑭ $6 \times 5 =$ □

⑮ $6 \times 4 =$ □

⑯ $6 \times 3 =$ □

⑰ $6 \times 2 =$ □

⑱ $6 \times 1 =$ □

6의 단은 3의 단의 짝수 번째 곱셈을 떠올리세요!
3, ⑥, 9, ⑫, 15, ⑱, 21, ㉔, 27

다음 □ 안에 두 수의 곱을 쓰세요.

① $6 \times 2 = \square$

② $6 \times 1 = \square$

③ $6 \times 4 = \square$

④ $6 \times 9 = \square$

⑤ $6 \times 5 = \square$

⑥ $6 \times 3 = \square$

⑦ $6 \times 8 = \square$

⑧ $6 \times 7 = \square$

⑨ $6 \times 6 = \square$

앗! 실수

친구들이 자주 틀리는 문제!

⑩ $6 \times 4 = \square$

⑪ $6 \times 7 = \square$

⑫ $6 \times 9 = \square$

⑬ $6 \times 8 = \square$

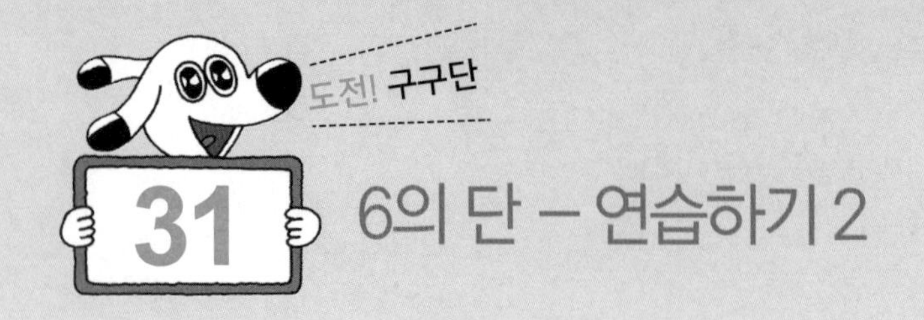


# 6의 단 – 연습하기 2

다음 10칸 곱셈표를 완성하세요.

①

| × | 1 | 2 | 3 | 4 | 5 | 6 | 7 | 8 | 9 | 10 |
|---|---|---|---|---|---|---|---|---|---|---|
| 6 | 6 | | | | 30 | | | | | 60 |

②

| × | 10 | 9 | 8 | 7 | 6 | 5 | 4 | 3 | 2 | 1 |
|---|---|---|---|---|---|---|---|---|---|---|
| 6 | 60 | | | | | | | | | |

③

| × | 6 | 5 | 2 | 8 | 4 | 1 | 3 | 9 | 7 | 10 |
|---|---|---|---|---|---|---|---|---|---|---|
| 6 | | | | | | | | | | 60 |

④

| × | 3 | 5 | 10 | 1 | 2 | 8 | 9 | 7 | 6 | 4 |
|---|---|---|---|---|---|---|---|---|---|---|
| 6 | | | 60 | | | | | | | |

다음 두 수의 곱이 보기 와 같은 것을 찾아 색칠하세요.

| 보기 | 18, 30, 42, 48, 54 |
|---|---|

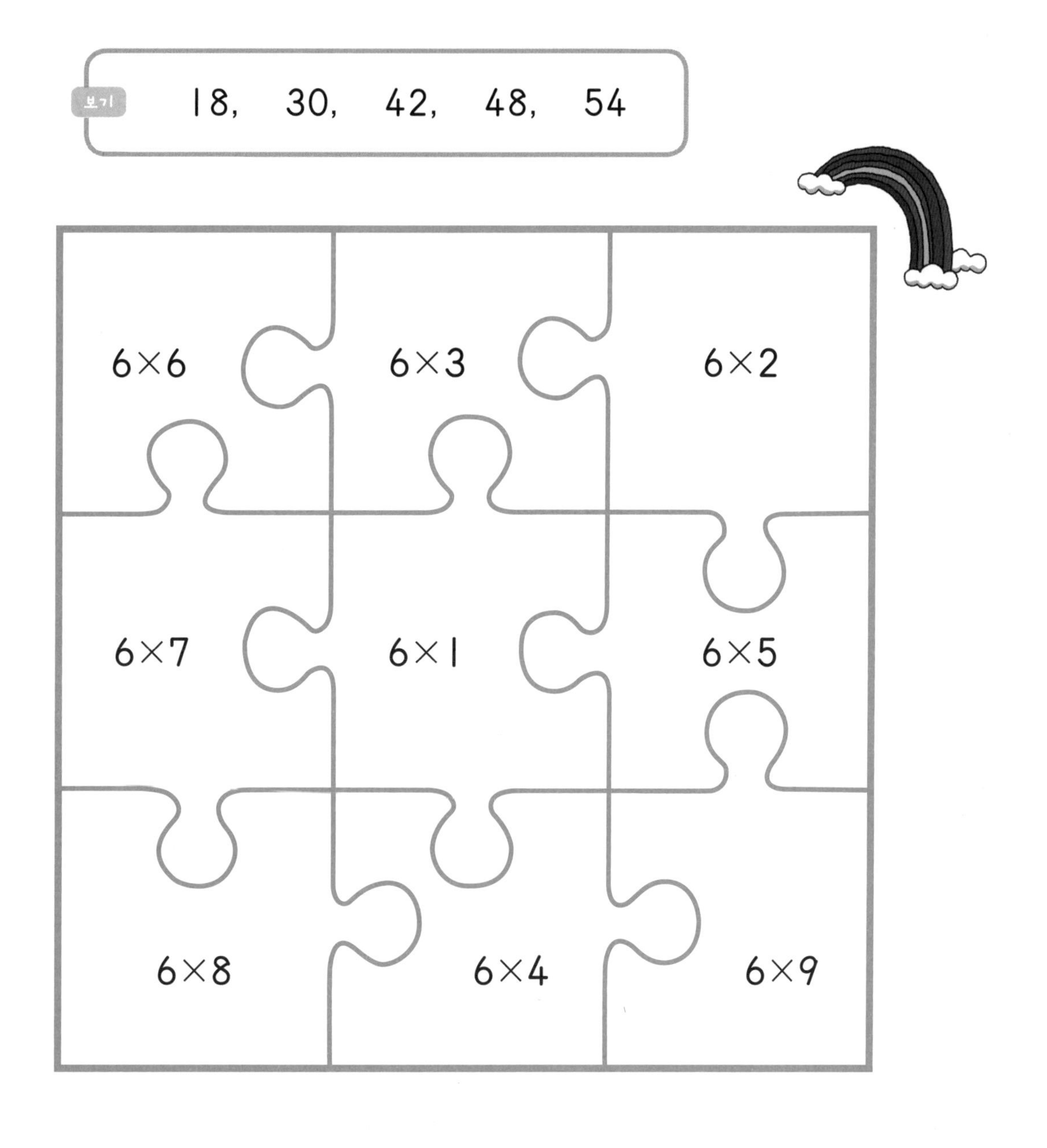

# 7의 단 – 덧셈을 곱셈으로 나타내기

다음 덧셈을 곱셈식으로 나타내세요.

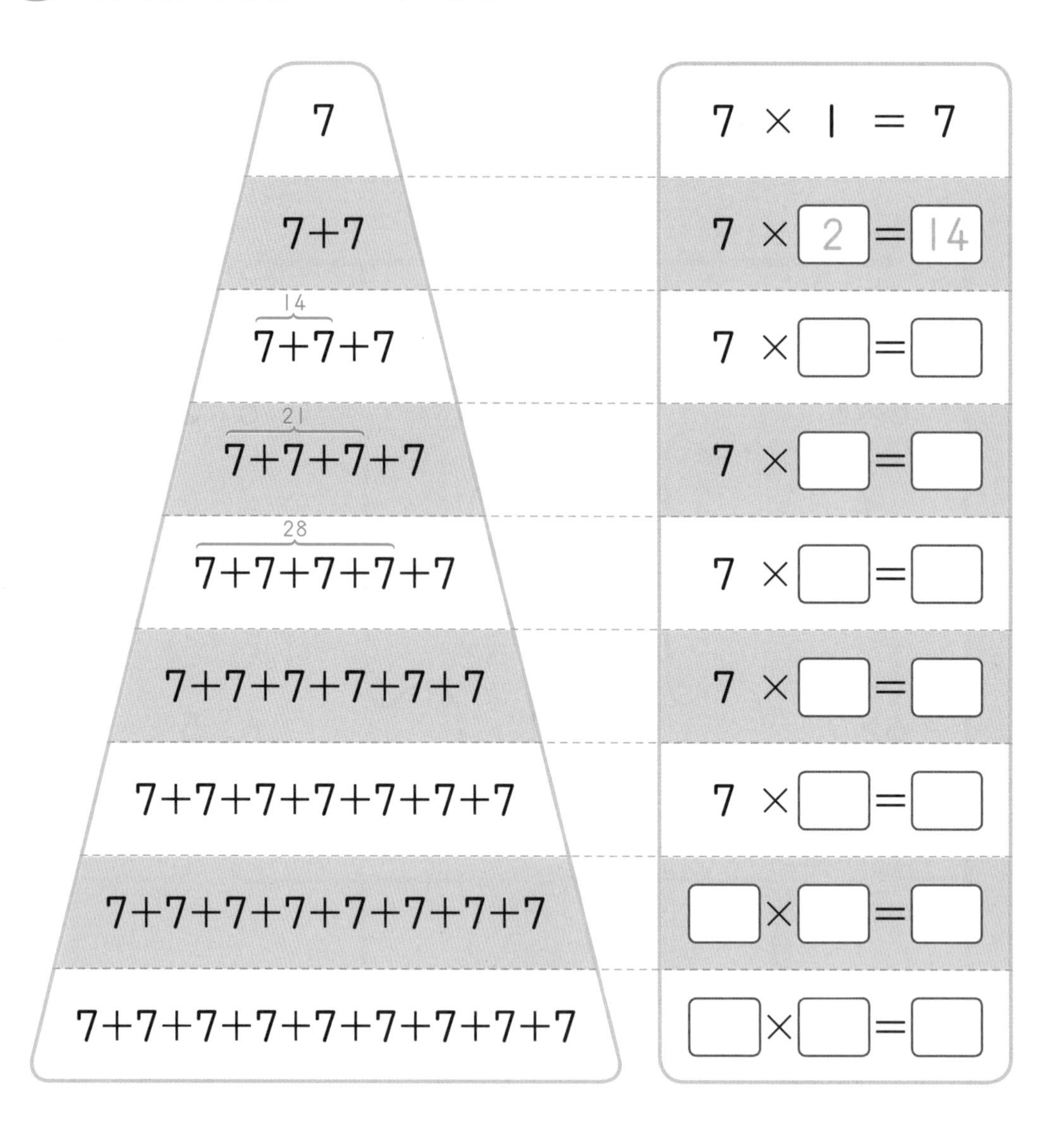


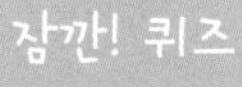

'7×6'을 덧셈으로 바르게 나타낸 것은 무엇일까요?

① 6+6+6+6+6+6 ② 7+7+7+7+7+7

정답 ②

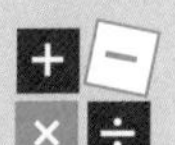

7의 단은 친구들이 제일 어려워하는 단이에요.
곱하는 수가 1씩 커질수록 곱도 7씩 커지는 것! 꼭 기억해요.

7, 14, 21, 28, …
(+7 +7 +7)

다음 덧셈은 곱셈식으로, 곱셈은 덧셈식으로 나타내세요.

① 7+7+7+7 → 7 × □ = □

② $7+7+7$ →

③ $7+7+7+7+7$ →

④ $7+7+7+7+7+7+7+7+7$ →

⑤ 7 → □ × □ = □

⑥ $7 \times 2$ → □ + □ = □

⑦ $7 \times 6$ →

⑧ $7 \times 7$ →

⑨ $7 \times 8$ →

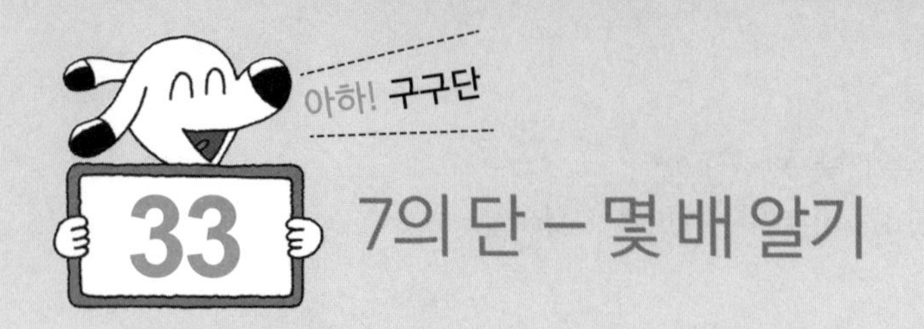


# 7의 단 – 몇 배 알기

다음 곱셈이 7의 몇 배인지 쓰고 계산하세요.

| 곱셈 | 몇 배 | 곱셈식 |
|---|---|---|
| 7×1 | 7의 [1] 배 | 7×1=[7] |
| 7×2 | 7의 [ ] 배 | 7×2=[ ] |
| 7×3 | 7의 [ ] 배 | 7×3=[ ] |
| 7×4 | 7의 [ ] 배 | 7×4=[ ] |
| 7×5 | 7의 [ ] 배 | 7×5=[ ] |
| 7×6 | 7의 [ ] 배 | 7×6=[ ] |
| 7×7 | 7의 [ ] 배 | 7×7=[ ] |
| 7×8 | [ ]의 [ ] 배 | 7×8=[ ] |
| 7×9 | [ ]의 [ ] 배 | 7×9=[ ] |

잠깐! 퀴즈

'7의 4배'는 얼마일까요?

① 28　　　② 32

정답 ①

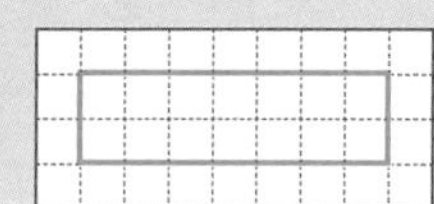

사각형의 크기를 곱셈으로 나타낼 때는
'(가로의 칸 수)×(세로의 칸 수)'로 나타내야 해요.
가로 7칸, 세로 2칸 → 7의 2배 → 7×2=14

## 다음 그림은 7의 몇 배인지 쓰고 곱셈식으로 나타내세요.

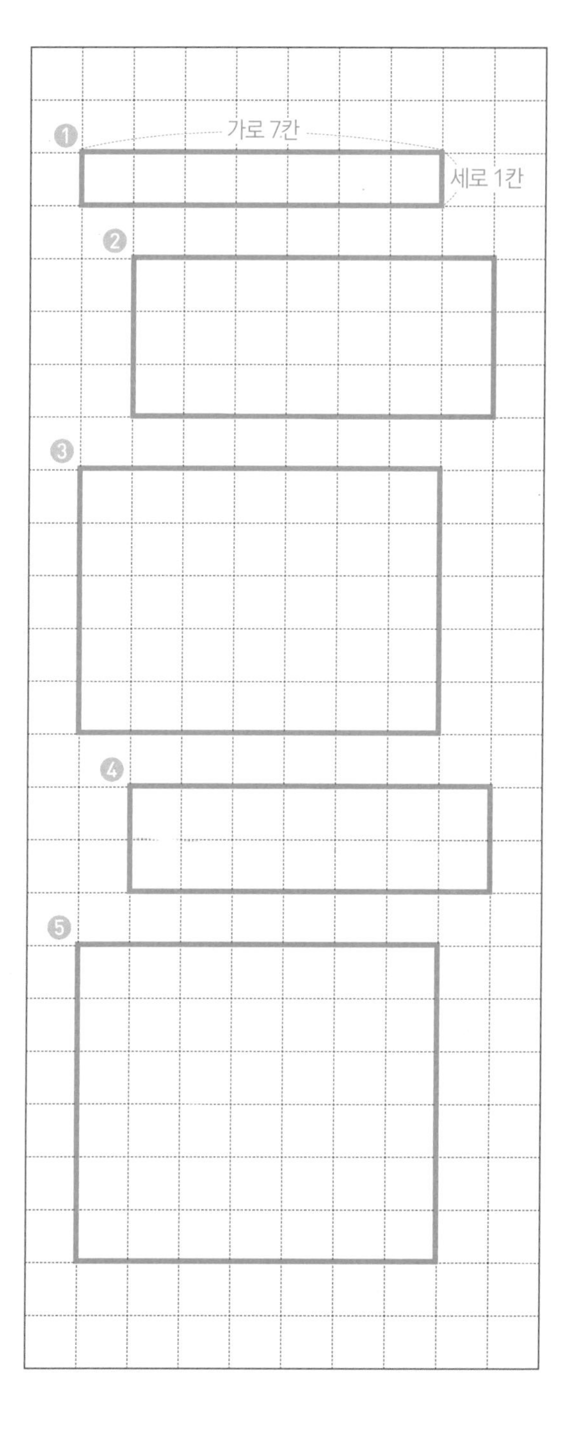


① 7의 [ 1 ]배
→ 7×[ ]=[ ]

② 7의 [ ]배
→ 7×[ ]=[ ]

③ 7의 [ ]배
→ 7×[ ]=[ ]

④ 7의 [ ]배
→ 7×[ ]=[ ]

⑤ 7의 [ ]배
→ 7×[ ]=[ ]

# 7의 단 – 읽고 쓰기

다음 7의 단을 바르게 읽고 쓰세요.

| 7의 단 | 읽기 | 쓰기 |
| --- | --- | --- |
| 7×1=7 | 칠 일은 칠 | 7×1=7 |
| 7×2=14 | 칠 이 ☐ | 7× |
| 7×3=21 | 칠 삼 ☐ | |
| 7×4=28 | 칠 사 이십팔 | |
| 7×5=35 | 칠 오 ☐ | |
| 7×6=42 | 칠 육 ☐ | |
| 7×7=49 | 칠 칠 사십구 | |
| 7×8=56 | ☐ 팔 ☐ | |
| 7×9=63 | ☐ | |

잠깐! 퀴즈

'7×7=49'를 바르게 읽은 것은 무엇일까요?

① 칠 칠 사십구　　② 칠 둘 사십구

정답 ①

7의 단을 읽는 법을 알았다면 이제는 완벽하게 외우는 연습을 할 차례예요.
오늘 외워 보세요. 특히 7×6=42, 7×8=56은 큰 소리로 여러 번 외우세요.

다음 7의 단을 읽은 것은 곱셈식으로 나타내고, 곱셈식은 바르게 읽으세요.

① 칠 오 삼십오 → [7] × [ ] = [ ]

② 칠 일은 칠 →

③ 칠 구 육십삼 →

④ 칠 육 사십이 →

⑤ 칠 사 이십팔 →

⑥ 7 × 2 = 14 → 칠 이 [ ]

⑦ 7 × 3 = 21 → 칠 삼 [ ]

⑧ 7 × 7 = 49 → 칠 칠 [ ]

⑨ 7 × 8 = 56 → 칠 팔 [ ]

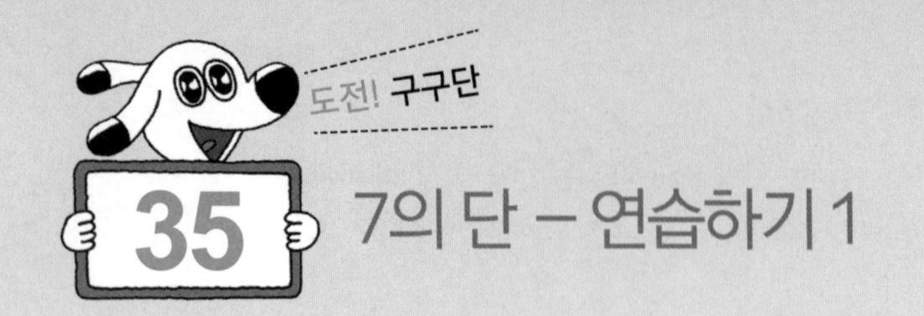


# 7의 단 – 연습하기 1

다음 □ 안에 두 수의 곱을 쓰세요.

① $7 \times 1 = \square$

② $7 \times 2 = \square$

③ $7 \times 3 = \square$

④ $7 \times 4 = \square$

⑤ $7 \times 5 = \square$

⑥ $7 \times 6 = \square$

⑦ $7 \times 7 = \square$

⑧ $7 \times 8 = \square$

⑨ $7 \times 9 = \square$

⑩ $7 \times 9 = \square$

⑪ $7 \times 8 = \square$

⑫ $7 \times 7 = \square$

⑬ $7 \times 6 = \square$

⑭ $7 \times 5 = \square$

⑮ $7 \times 4 = \square$

⑯ $7 \times 3 = \square$

⑰ $7 \times 2 = \square$

⑱ $7 \times 1 = \square$

7의 단이 헷갈리면 덧셈을 이용해 보세요.
⑦+7은? ⑭, 그 수에 7을 더하면? ㉑ 또 7을 더하면? ㉘, 또 7을 더하면? ㉟, …

## 다음 □ 안에 두 수의 곱을 쓰세요.

① $7 \times 1 =$ □

② $7 \times 3 =$ □

③ $7 \times 5 =$ □

④ $7 \times 7 =$ □

⑤ $7 \times 2 =$ □

⑥ $7 \times 9 =$ □

⑦ $7 \times 6 =$ □

⑧ $7 \times 4 =$ □

⑨ $7 \times 8 =$ □

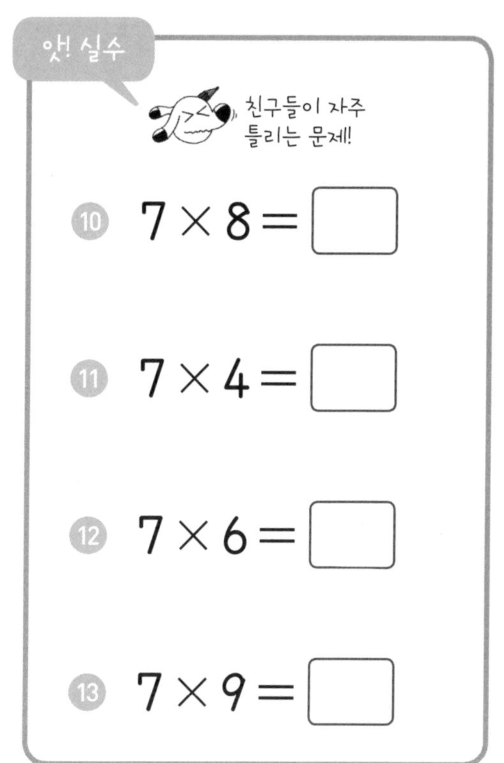


⑩ $7 \times 8 =$ □

⑪ $7 \times 4 =$ □

⑫ $7 \times 6 =$ □

⑬ $7 \times 9 =$ □

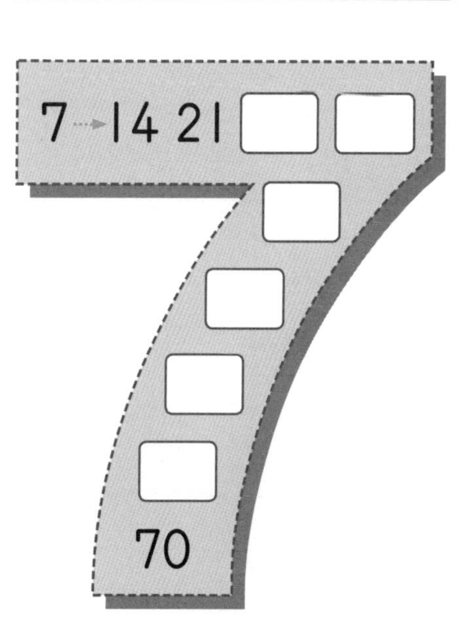

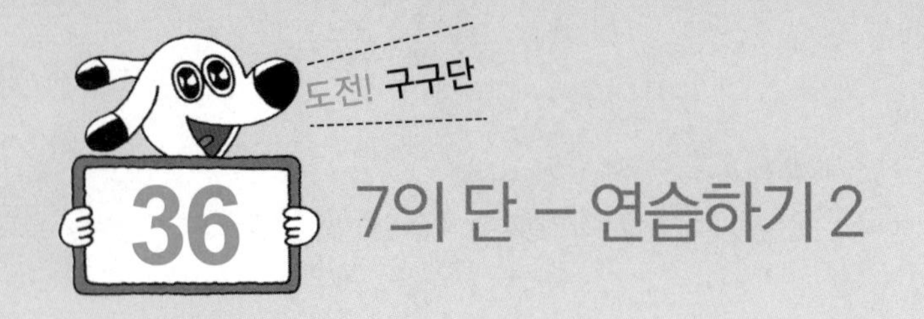


# 7의 단 – 연습하기 2

다음 10칸 곱셈표를 완성하세요.

①

| × | 1 | 2 | 3 | 4 | 5 | 6 | 7 | 8 | 9 | 10 |
|---|---|---|---|---|---|---|---|---|---|---|
| 7 | | | 21 | | | | 49 | | | 70 |

②

| × | 10 | 9 | 8 | 7 | 6 | 5 | 4 | 3 | 2 | 1 |
|---|---|---|---|---|---|---|---|---|---|---|
| 7 | 70 | | | | | | | | | |

③

| × | 2 | 6 | 8 | 5 | 3 | 9 | 4 | 1 | 7 | 10 |
|---|---|---|---|---|---|---|---|---|---|---|
| 7 | | | | | | | | | | 70 |

④

| × | 6 | 5 | 2 | 10 | 1 | 3 | 9 | 8 | 4 | 7 |
|---|---|---|---|---|---|---|---|---|---|---|
| 7 | | | | 70 | | | | | | |

다음 두 수의 곱이 홀수인 것을 찾아 선으로 이어 보세요.

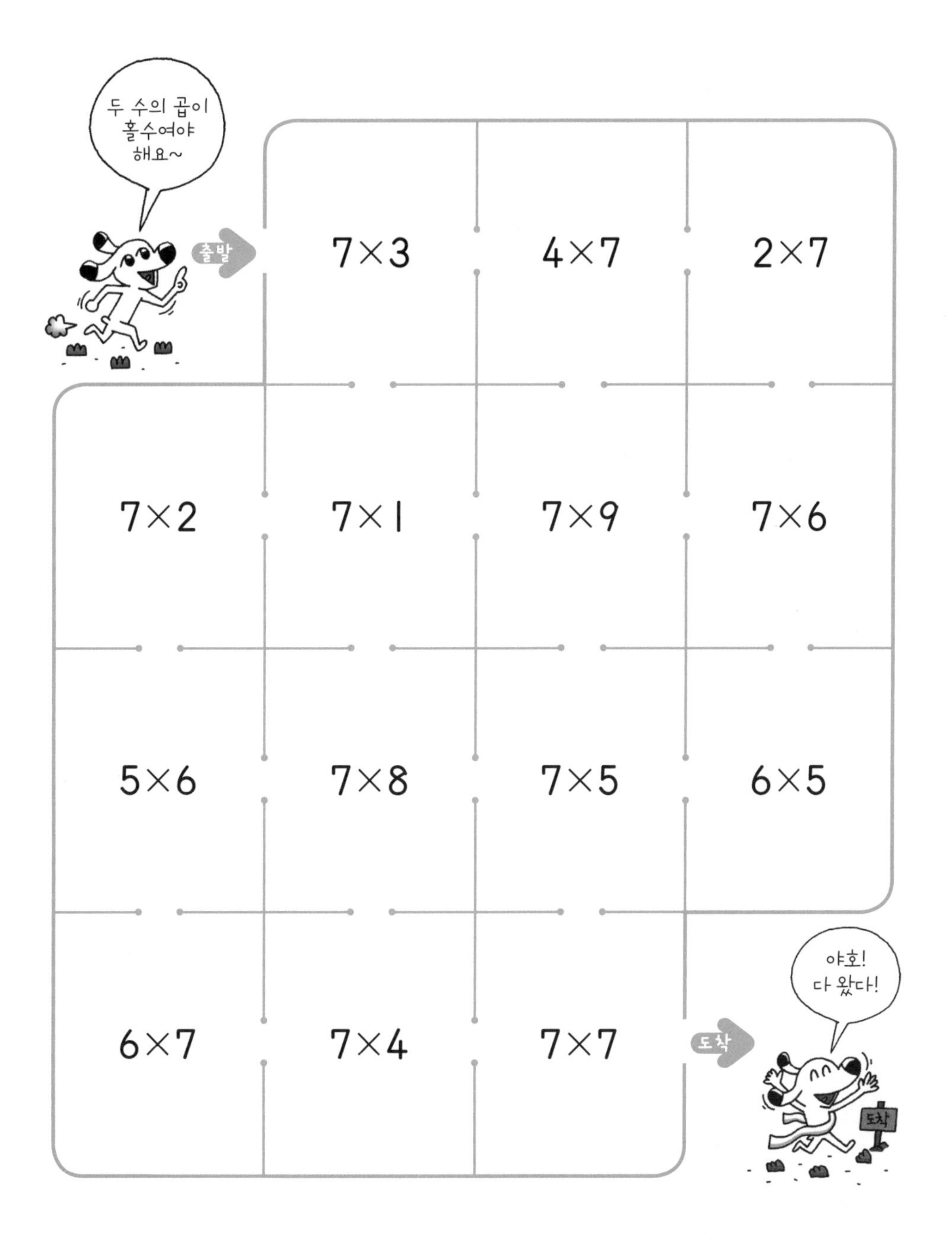

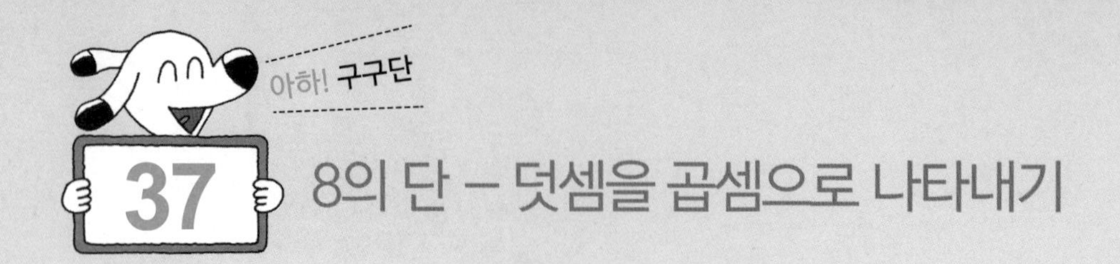


# 37 8의 단 – 덧셈을 곱셈으로 나타내기

다음 덧셈을 곱셈식으로 나타내세요.

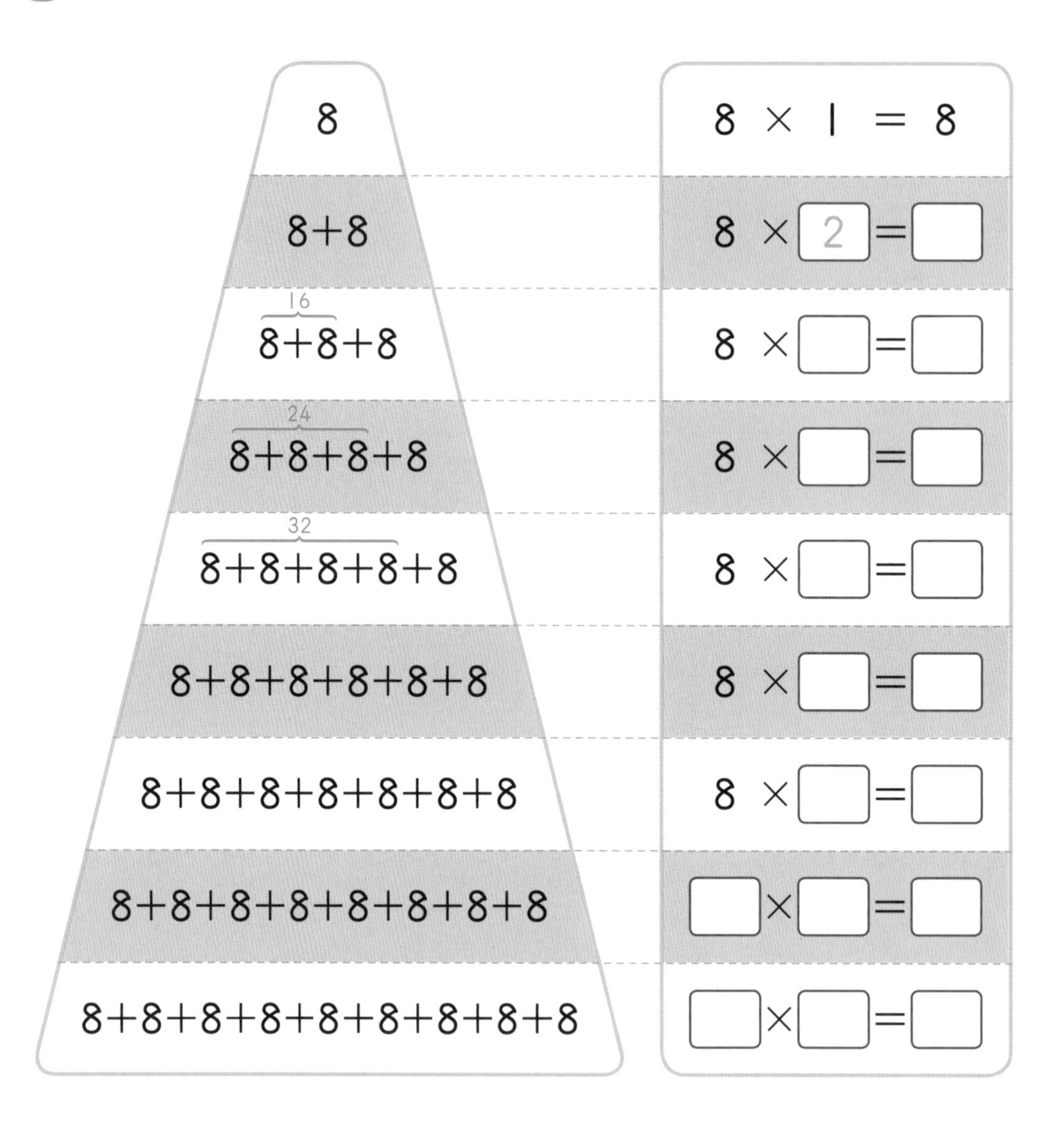


잠깐! 퀴즈

'8×5'와 곱의 결과가 같은 무엇일까요?

① 5×8 ② 6×5

정답 ①

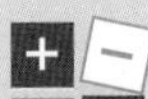

8의 단에서 다른 구구단과 곱이 같은 것은 다음과 같아요.

$8\times2=16 \leftrightarrow 2\times8=16$ $8\times3=24 \leftrightarrow 3\times8=24$ $8\times4=32 \leftrightarrow 4\times8=32$

$8\times5=40 \leftrightarrow 5\times8=40$ $8\times6=48 \leftrightarrow 6\times8=48$ $8\times7=56 \leftrightarrow 7\times8=56$

다음 덧셈은 곱셈식으로, 곱셈은 덧셈식으로 나타내세요.

① 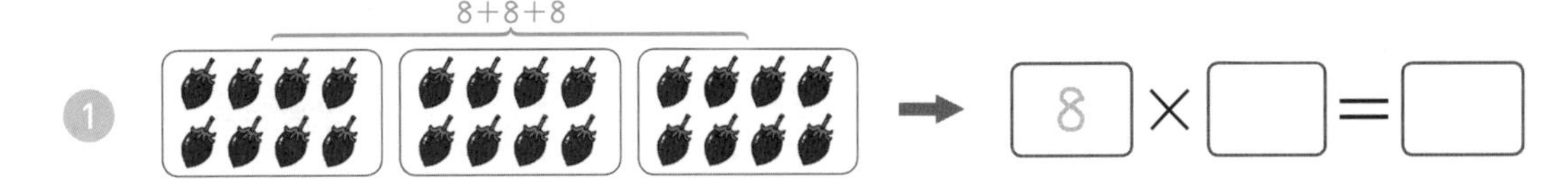

→ 8 × ☐ = ☐

② $8+8$ →

③ $8+8+8+8+8$ →

④ $8+8+8+8+8+8+8+8$ →

⑤ $8$ → ☐ × ☐ = ☐

⑥ $8\times4$ → ☐ + ☐ + ☐ + ☐ = ☐

⑦ $8\times7$ →

⑧ $8\times9$ →

⑨ $8\times6$ →

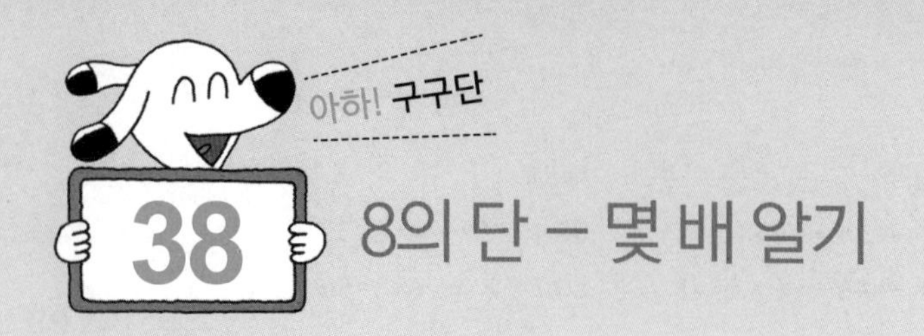


# 8의 단 – 몇 배 알기

다음 곱셈이 8의 몇 배인지 쓰고 계산하세요.

| 곱셈 | 몇 배 | 곱셈식 |
|---|---|---|
| $8\times1$ | 8의 [1] 배 | $8\times1=$ [8] |
| $8\times2$ | 8의 [ ] 배 | $8\times2=$ [ ] |
| $8\times3$ | 8의 [ ] 배 | $8\times3=$ [ ] |
| $8\times4$ | 8의 [ ] 배 | $8\times4=$ [ ] |
| $8\times5$ | 8의 [ ] 배 | $8\times5=$ [ ] |
| $8\times6$ | 8의 [ ] 배 | $8\times6=$ [ ] |
| $8\times7$ | 8의 [ ] 배 | $8\times7=$ [ ] |
| $8\times8$ | [ ] 의 [ ] 배 | $8\times8=$ [ ] |
| $8\times9$ | [ ] | $8\times9=$ [ ] |

**잠깐! 퀴즈**

'$8\times9$'는 8의 몇 배일까요?

① 8배　　② 9배

② 9배

피자 한 판은 8조각, 코스모스의 꽃잎은 8개, 거미 다리는 8개, 낙지 다리는 8개이므로 8의 단을 이용하여 계산해요.

다음 그림을 보고 8의 몇 배인지 곱셈식으로 나타내세요.

1. 피자가 2판 있을 때 조각 피자의 수

→ 8×□=□(조각)

2. 코스모스가 4송이 있을 때 꽃잎의 수

→ 8×□=□(개)

3. 거미 7마리의 다리의 수

→ 8×□=□(개)

4. 낙지 9마리의 다리의 수

→ 8×□=□(개)

# 8의 단 – 읽고 쓰기

다음 8의 단을 바르게 읽고 쓰세요.

| 8의 단 | 읽기 | 쓰기 |
|---|---|---|
| $8\times1=8$ | 팔 일은 ☐ | $8\times1=8$ |
| $8\times2=16$ | 팔 이 십육 | $8\times$ |
| $8\times3=24$ | 팔 삼 ☐ | |
| $8\times4=32$ | 팔 사 ☐ | |
| $8\times5=40$ | 팔 오 사십 | |
| $8\times6=48$ | 팔 육 ☐ | |
| $8\times7=56$ | 팔 칠 ☐ | |
| $8\times8=64$ | ☐ 팔 ☐ | |
| $8\times9=72$ | ☐ | |

잠깐! 퀴즈

'$8\times2=16$'을 바르게 읽은 것은 무엇일까요?

① 팔 이 십육　　② 팔 이 열여섯

정답 ①

8의 단은 일의 자리 숫자가 2씩 줄어드는 게 반복돼요.
8, 16, 24, 32, 40, 48, 56, 64, 72

다음 8의 단을 읽은 것은 곱셈식으로 나타내고, 곱셈식은 바르게 읽으세요.

1. 팔 육 사십팔 → [8] × [ ] = [ ]

2. 팔 이 십육 →

3. 팔 팔 육십사 →

4. 팔 칠 오십육 →

5. 팔 삼 이십사 →

6. $8 \times 1 = 8$ → 팔 일은 [ ]

7. $8 \times 4 = 32$ → 팔 사 [ ]

8. $8 \times 5 = 40$ → 팔 오 [ ]

9. $8 \times 9 = 72$ → 팔 구 [ ]

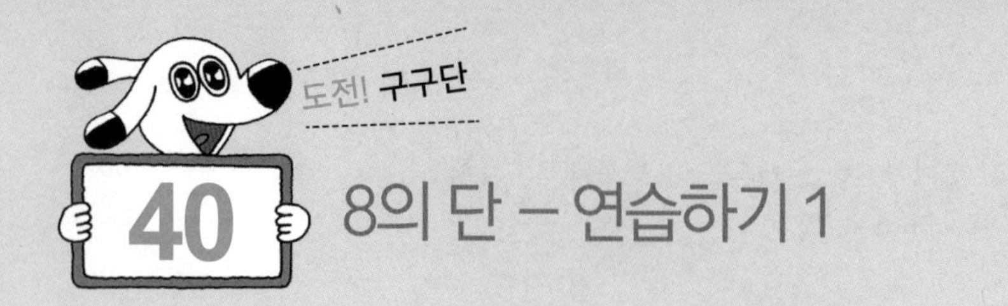


# 8의 단 – 연습하기 1

다음 □ 안에 두 수의 곱을 쓰세요.

① $8 \times 1 = \square$

② $8 \times 2 = \square$

③ $8 \times 3 = \square$

④ $8 \times 4 = \square$

⑤ $8 \times 5 = \square$

⑥ $8 \times 6 = \square$

⑦ $8 \times 7 = \square$

⑧ $8 \times 8 = \square$

⑨ $8 \times 9 = \square$

⑩ $8 \times 9 = \square$

⑪ $8 \times 8 = \square$

⑫ $8 \times 7 = \square$

⑬ $8 \times 6 = \square$

⑭ $8 \times 5 = \square$

⑮ $8 \times 4 = \square$

⑯ $8 \times 3 = \square$

⑰ $8 \times 2 = \square$

⑱ $8 \times 1 = \square$

다음 □ 안에 두 수의 곱을 쓰세요.

① $8\times2=\square$

② $8\times1=\square$

③ $8\times4=\square$

④ $8\times7=\square$

⑤ $8\times6=\square$

⑥ $8\times8=\square$

⑦ $8\times3=\square$

⑧ $8\times5=\square$

⑨ $8\times9=\square$

⑩ $8\times6=\square$

⑪ $8\times4=\square$

⑫ $8\times7=\square$

⑬ $8\times9=\square$

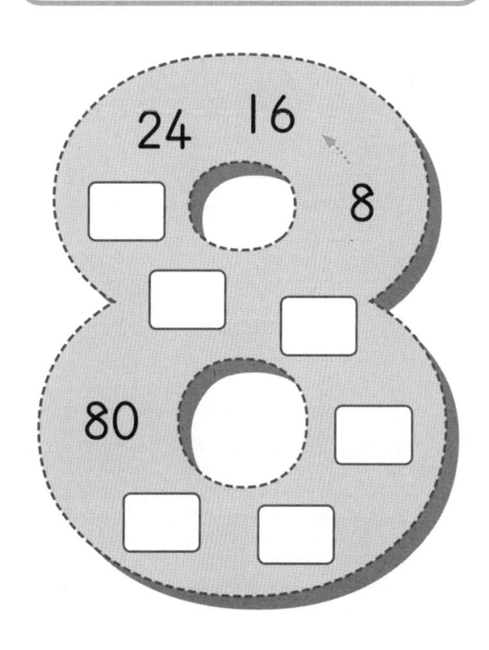

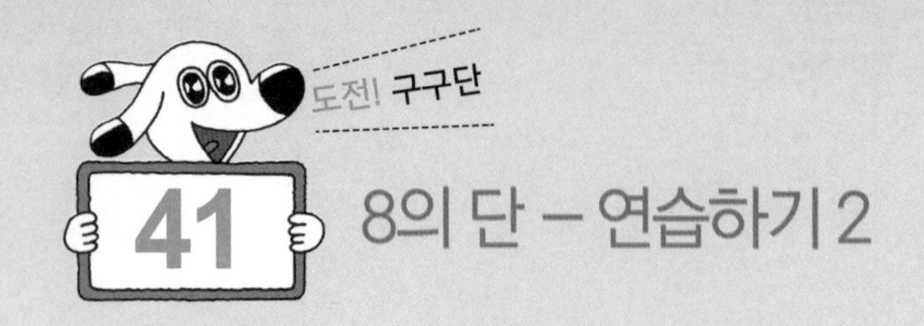


# 8의 단 – 연습하기 2

다음 10칸 곱셈표의 비어 있는 곳에 알맞은 수를 쓰세요.

①

| × | 1 | 2 | 3 | 4 | 5 | 6 | 7 | 8 | 9 | 10 |
|---|---|---|---|---|---|---|---|---|---|---|
| 8 | | | | | 40 | | | 64 | | 80 |

②

| × | 10 | 9 | 8 | 7 | 6 | 5 | 4 | 3 | 2 | 1 |
|---|---|---|---|---|---|---|---|---|---|---|
| 8 | 80 | | | | | | | | | |

③

| × | 5 | 7 | 9 | 1 | 3 | 2 | 4 | 6 | 8 | 10 |
|---|---|---|---|---|---|---|---|---|---|---|
| 8 | | | | | | | | | | 80 |

④

| × | 4 | 7 | 9 | 5 | 1 | 3 | 8 | 10 | 2 | 6 |
|---|---|---|---|---|---|---|---|---|---|---|
| 8 | | | | | | | | 80 | | |

바른 답을 따라 갔을 때 받을 수 있는 선물에 ◯표 하세요.

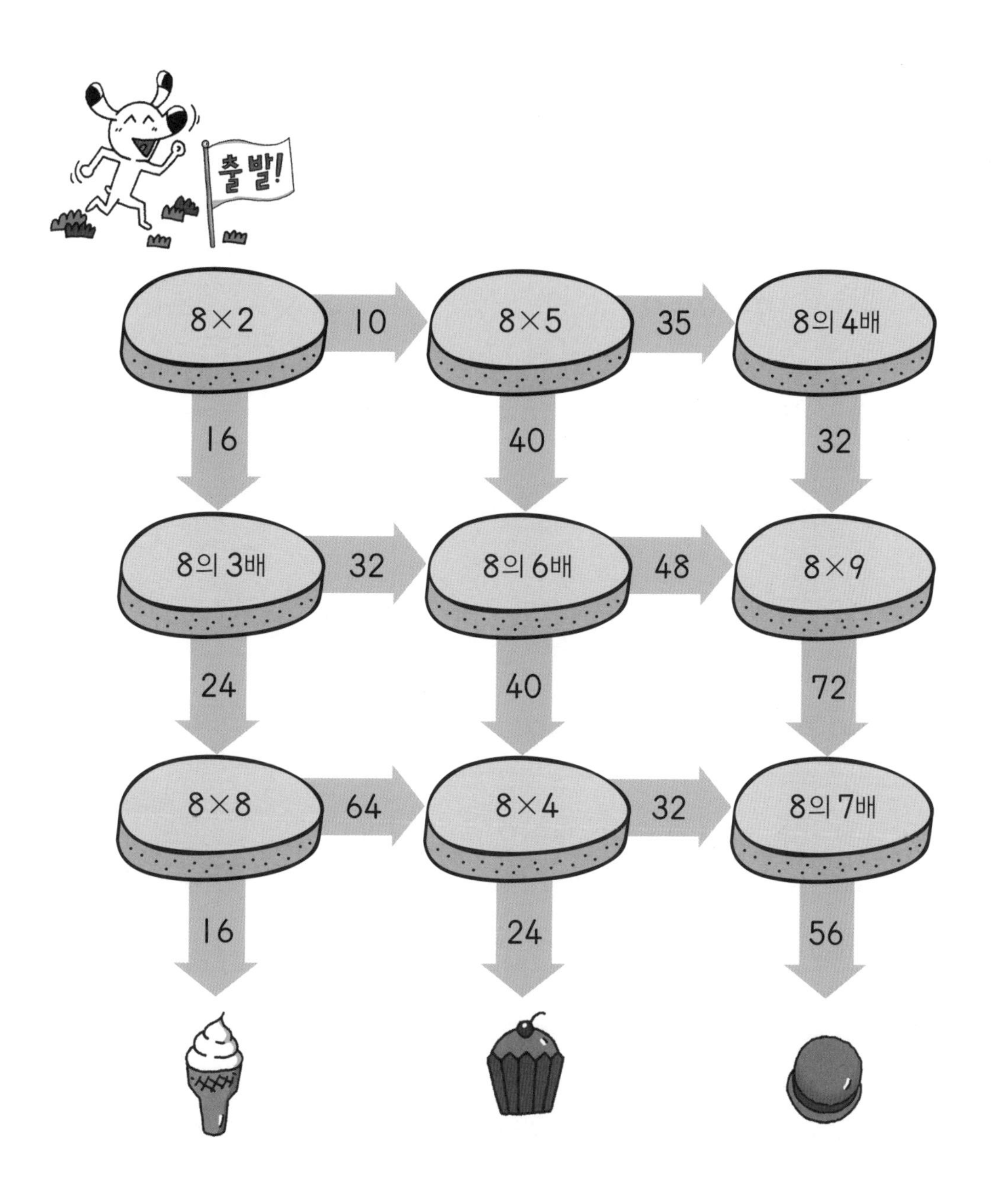

# 42 9의 단 – 덧셈을 곱셈으로 나타내기

다음 덧셈을 곱셈식으로 나타내세요.

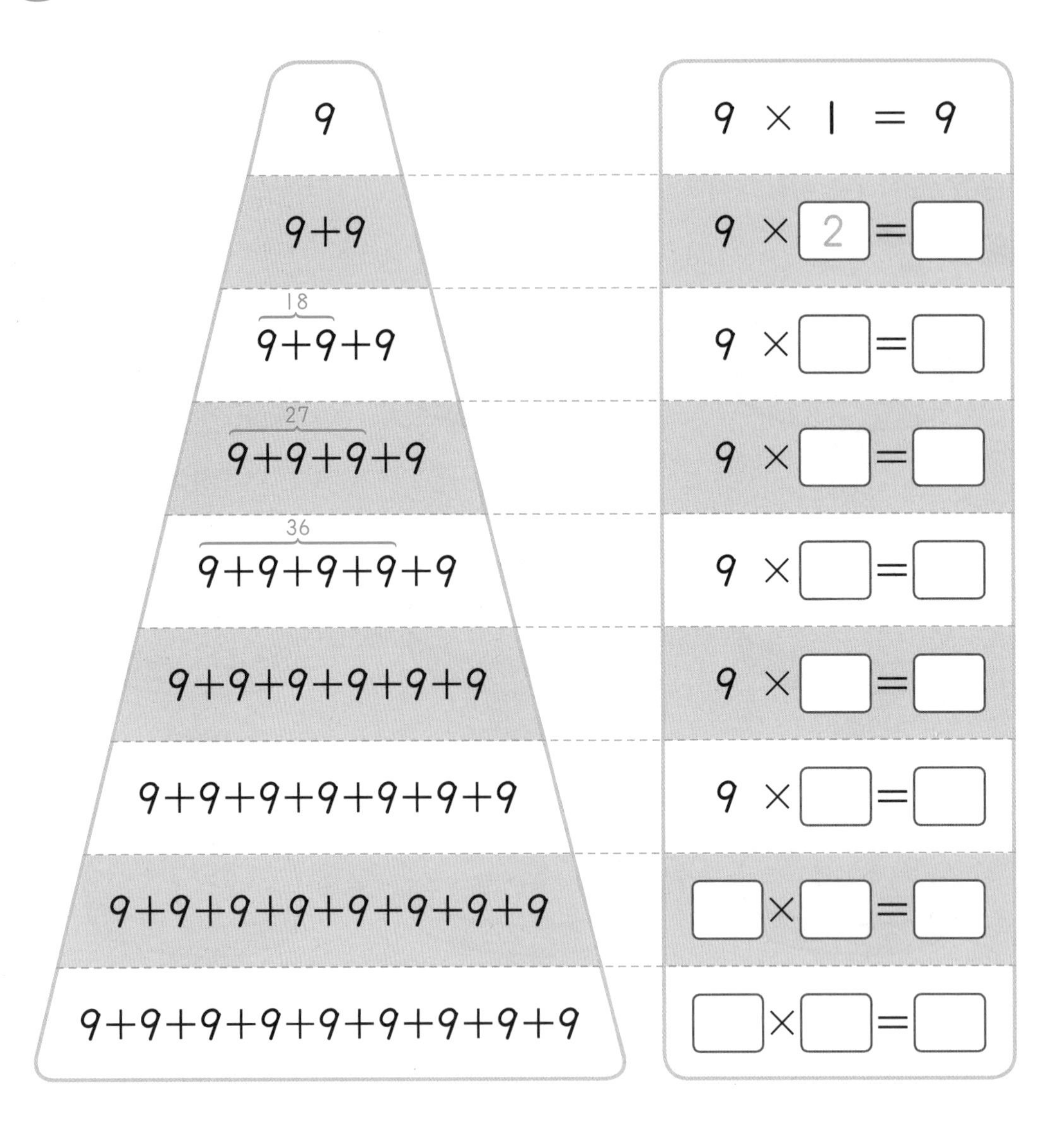


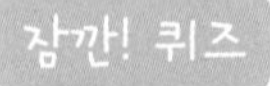

9명이 탈 수 있는 승합차가 5대 있어요. 승합차에 탈 수 있는 사람은 모두 몇 명일까요?

① $9 \times 5 = 45$(명)　　② $9 \times 9 = 81$(명)

답 ①

9의 단의 곱에서 십의 자리 수는 0에서 8까지 1씩 커지고, 반대로 일의 자리 수는 9부터 1씩 작아져요.

$9\times1=9$, $9\times2=18$, $9\times3=27$, $9\times4=36$, $9\times5=45$, $9\times6=54$, $9\times7=63$, $9\times8=72$, $9\times9=81$

다음 덧셈은 곱셈식으로, 곱셈은 덧셈식으로 나타내세요.

① (9+9) → 9 × □ = □

② 9 → □ × □ = □

③ $9+9+9+9+9+9+9+9$ →

④ $9+9+9+9+9+9$ →

⑤ $9+9+9+9$ →

⑥ $9\times3$ → □ + □ + □ = □

⑦ $9\times7$ →

⑧ $9\times5$ →

⑨ $9\times9$ →

# 9의 단 – 몇 배 알기

다음 곱셈이 9의 몇 배인지 쓰고 계산하세요.

| 곱셈 | 몇 배 | 곱셈식 |
|---|---|---|
| $9\times1$ | 9의 [1] 배 | $9\times1=$ [9] |
| $9\times2$ | 9의 [ ] 배 | $9\times2=$ [ ] |
| $9\times3$ | 9의 [ ] 배 | $9\times3=$ [ ] |
| $9\times4$ | 9의 [ ] 배 | $9\times4=$ [ ] |
| $9\times5$ | 9의 [ ] 배 | $9\times5=$ [ ] |
| $9\times6$ | 9의 [ ] 배 | $9\times6=$ [ ] |
| $9\times7$ | 9의 [ ] 배 | $9\times7=$ [ ] |
| $9\times8$ | [ ]의 [ ] 배 | $9\times8=$ [ ] |
| $9\times9$ | [ ] | $9\times9=$ [ ] |

잠깐! 퀴즈

'9+9+9+9+9+9+9+9'는 9의 몇 배와 같을까요?

① 8배 ② 9배

정답 ①

9의 단의 곱 9, 18, 27, 36, 45, 54, 63, 72, 81에서 십의 자리의 수와 일의 자리 수의 합은 항상 9가 되어요.

$0+9=9$, $1+8=9$, $2+7=9$, $3+6=9$, $4+5=9$, $5+4=9$, $6+3=9$, $7+2=9$, $8+1=9$

다음 그림을 보고 9의 몇 배인지 곱셈식으로 나타내세요.

① 민우 나이는 9살, 엄마 나이는 민우 나이의 4배

→ (엄마의 나이) : $9\times\square=\square$(살)

② 민우 나이는 9살, 아빠 나이는 민우 나이의 5배

→ (아빠의 나이) : $9\times\square=\square$(살)

③ 동생의 몸무게는 9kg, 민우의 몸무게는 동생 몸무게의 3배

→ (민우의 몸무게) : $9\times\square=\square$(kg)

④ 동생의 몸무게는 9kg, 아빠 몸무게는 동생 몸무게의 8배

→ (아빠의 몸무게) : $9\times\square=\square$(kg)

# 9의 단 – 읽고 쓰기

다음 9의 단을 바르게 읽고 쓰세요.

| 9의 단 | 읽기 | 쓰기 |
|---|---|---|
| 9×1=9 | 구 일은 ☐ | 9×1=9 |
| 9×2=18 | 구 이 ☐ | 9× |
| 9×3=27 | 구 삼 이십칠 | |
| 9×4=36 | 구 사 ☐ | |
| 9×5=45 | 구 오 ☐ | |
| 9×6=54 | 구 육 ☐ | |
| 9×7=63 | 구 칠 육십삼 | |
| 9×8=72 | ☐ 팔 ☐ | |
| 9×9=81 | ☐ | |

잠깐! 퀴즈

'구 팔 칠십이'를 곱셈식으로 바르게 나타낸 것은 무엇일까요?

① 9×9=81 ② 9×8=72

정답 ②

구구단의 마지막 단이에요. 큰 소리로 읽고 외워보세요.

다음 9의 단을 읽은 것은 곱셈식으로 나타내고, 곱셈식은 바르게 읽으세요.

① 구 일은 구 → 9 × ☐ = ☐

② 구 이 십팔 →

③ 구 칠 육십삼 →

④ 구 사 삼십육 →

⑤ 구 오 사십오 →

⑥ $9 \times 3 = 27$ → 구 삼 ☐

⑦ $9 \times 6 = 54$ → 구 육 ☐

⑧ $9 \times 8 = 72$ → 구 팔 ☐

⑨ $9 \times 9 = 81$ → 구 구 ☐

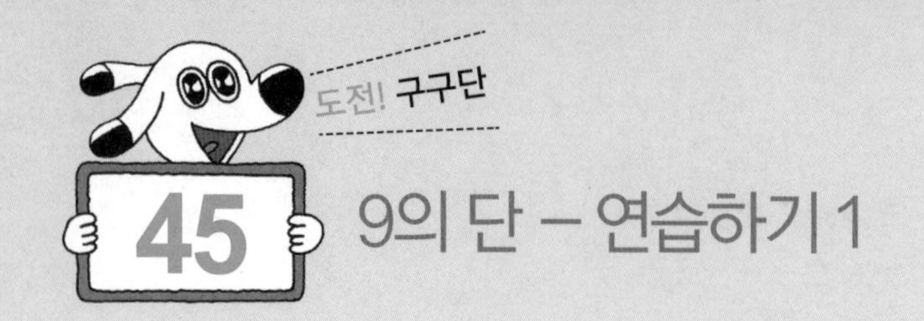


다음 □ 안에 두 수의 곱을 쓰세요.

1. $9 \times 1 = \square$
2. $9 \times 2 = \square$
3. $9 \times 3 = \square$
4. $9 \times 4 = \square$
5. $9 \times 5 = \square$
6. $9 \times 6 = \square$
7. $9 \times 7 = \square$
8. $9 \times 8 = \square$
9. $9 \times 9 = \square$
10. $9 \times 9 = \square$
11. $9 \times 8 = \square$
12. $9 \times 7 = \square$
13. $9 \times 6 = \square$
14. $9 \times 5 = \square$
15. $9 \times 4 = \square$
16. $9 \times 3 = \square$
17. $9 \times 2 = \square$
18. $9 \times 1 = \square$

다음 □ 안에 두 수의 곱을 쓰세요.

① $9 \times 2 =$ □

② $9 \times 1 =$ □

③ $9 \times 7 =$ □

④ $9 \times 4 =$ □

⑤ $9 \times 6 =$ □

⑥ $9 \times 3 =$ □

⑦ $9 \times 5 =$ □

⑧ $9 \times 9 =$ □

⑨ $9 \times 8 =$ □

앗! 실수

친구들이 자주 틀리는 문제!

⑩ $9 \times 7 =$ □

⑪ $9 \times 5 =$ □

⑫ $9 \times 6 =$ □

⑬ $9 \times 8 =$ □

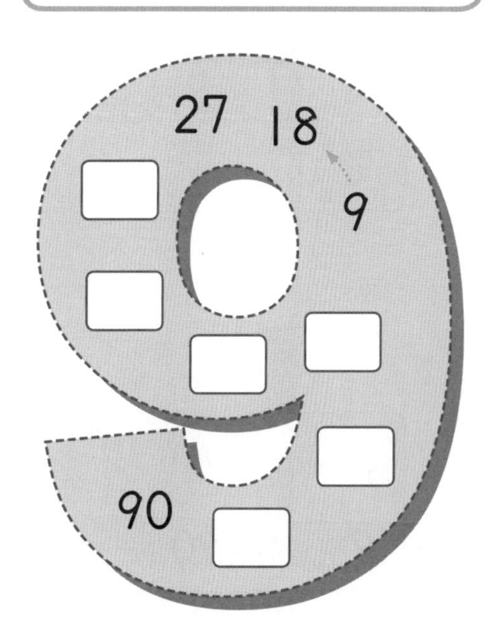

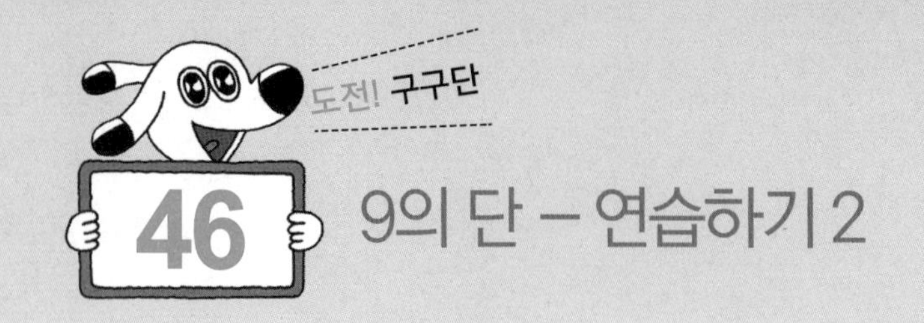


# 9의 단 – 연습하기 2

다음 10칸 곱셈표를 완성하세요.

①

| × | 1 | 2 | 3 | 4 | 5 | 6 | 7 | 8 | 9 | 10 |
|---|---|---|---|---|---|---|---|---|---|---|
| 9 | 9 |  |  |  | 45 |  |  |  |  | 90 |

②

| × | 10 | 9 | 8 | 7 | 6 | 5 | 4 | 3 | 2 | 1 |
|---|---|---|---|---|---|---|---|---|---|---|
| 9 | 90 |  |  |  |  |  |  |  |  |  |

③

| × | 3 | 5 | 6 | 8 | 9 | 1 | 4 | 2 | 7 | 10 |
|---|---|---|---|---|---|---|---|---|---|---|
| 9 |  |  |  |  |  |  |  |  |  | 90 |

④

| × | 1 | 10 | 2 | 9 | 3 | 7 | 8 | 6 | 5 | 4 |
|---|---|---|---|---|---|---|---|---|---|---|
| 9 |  | 90 |  |  |  |  |  |  |  |  |

다음 곱셈을 하고 홀수를 따라가 보세요.

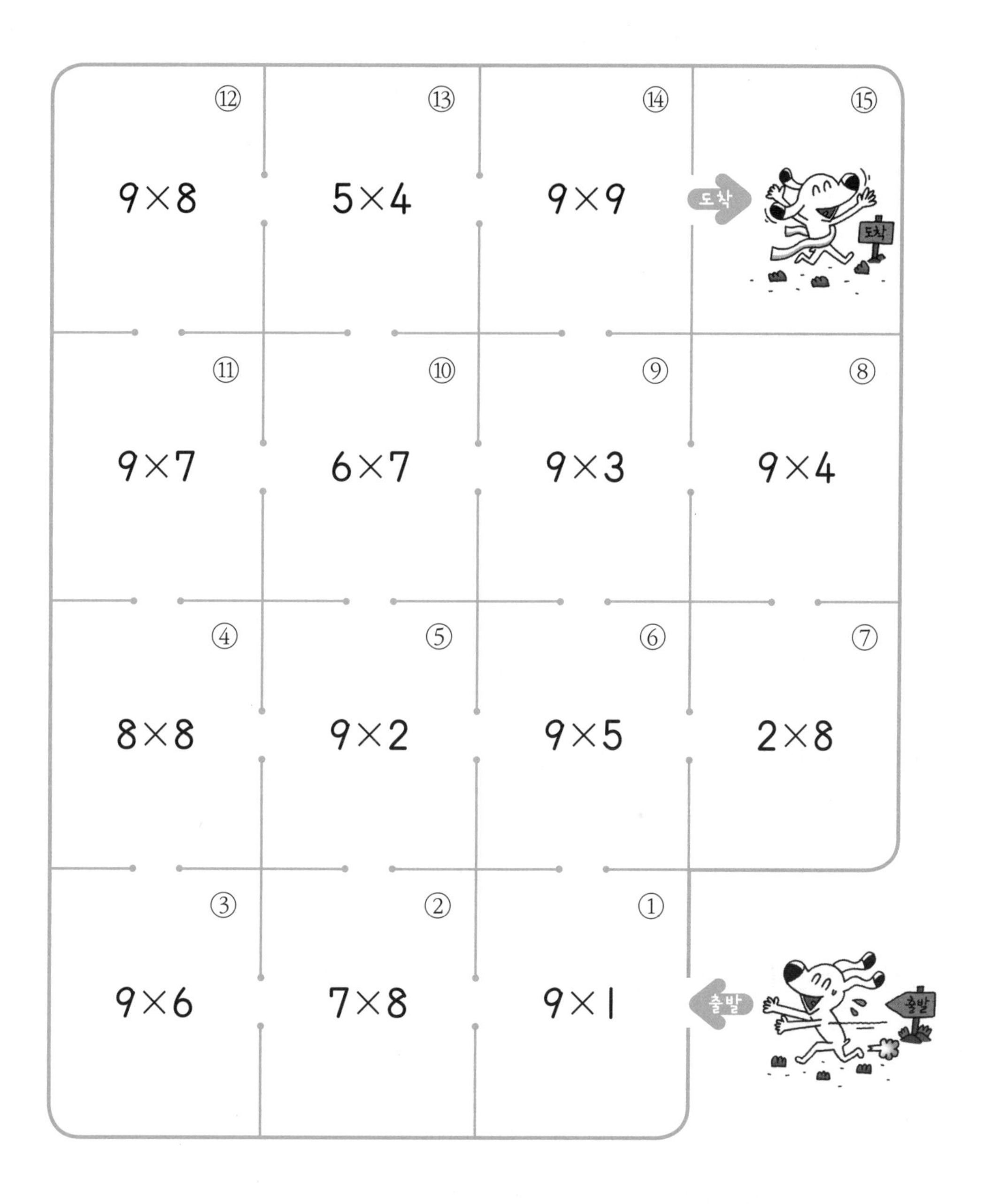

# 47 1의 단

다음 덧셈을 하고 곱셈식으로 나타내세요.

| 같은 수를 여러 번 더하기 | 1의 단 |
|---|---|
| 1 | 1 × [1] = [1] |
| 1+1=□ | 1×□=□ |
| 1+1+1=□ | 1×□=□ |
| 1+1+1+1=□ | 1×□=□ |
| 1+1+1+1+1=□ | 1×□=□ |
| 1+1+1+1+1+1=□ | 1×□=□ |
| 1+1+1+1+1+1+1=□ | 1×□=□ |
| 1+1+1+1+1+1+1+1=□ | 1×□=□ |
| 1+1+1+1+1+1+1+1+1=□ | 1×□=□ |

잠깐! 퀴즈

'1의 9배'와 같은 것은 무엇일까요?

① 1+1+1+1+1+1+1+1+1　　② 1×9

정답 ②

1에 어떤 수를 곱하면 항상 어떤 수가 돼요.
$1 \times 3 = 3$, $1 \times 5 = 5$, $1 \times 9 = 9$

다음 □ 안에 알맞은 수를 쓰세요.

① $1+1=$ [1] $\times$ □ $=$ □

② $1+1+1+1=$ □ $\times$ □ $=$ □

③ $1+1+1+1+1+1+1+1=$ □ $\times$ □ $=$ □

④ 1의 6배 → $1 \times$ □ $=$ □

⑤ 1의 9배 → $1 \times$ □ $=$ □

⑥ $1 \times 4 =$ □

⑦ $1 \times 3 =$ □

⑧ $1 \times 7 =$ □

⑨ $1 \times 5 =$ □

# 10의 단

다음 덧셈을 곱셈식으로 나타내세요.

| 같은 수를 여러 번 더하기 | 10의 단 |
|---|---|
| 10 | 10×[1]=[10] |
| 10+10 | 10×[ ]=[ ] |
| 10+10+10 | 10×[ ]=[ ] |
| 10+10+10+10 | 10×[ ]=[ ] |
| 10+10+10+10+10 | 10×[ ]=[ ] |
| 10+10+10+10+10+10 | 10×[ ]=[ ] |
| 10+10+10+10+10+10+10 | 10×[ ]=[ ] |
| 10+10+10+10+10+10+10+10 | 10×[ ]=[ ] |
| 10+10+10+10+10+10+10+10+10 | 10×[ ]=[ ] |

잠깐! 퀴즈

90은 10의 몇 배일까요?

① 9배　　② 90배

정답 ①

10의 1배는 10, 10의 2배는 20, 10의 3배는 30, … 처럼 10의 단은 10씩 커져요.

다음 □ 안에 알맞은 수를 쓰세요.

① $10+10=\boxed{10}\times\square=\square$

② $10+10+10+10=\square\times\square=\square$

③ $10+10+10+10+10+10=\square\times\square=\square$

④ 10의 5배 → $10\times\square=\square$

⑤ 10의 8배 → $10\times\square=\square$

⑥ $10\times1=\square$

⑦ $10\times3=\square$

⑧ $10\times7=\square$

⑨ $10\times9=\square$

# 0의 단

다음 빈 접시 안의 딸기의 개수를 쓰세요.

빈 접시에는 아무 것도 없으니까 딸기의 개수는 0이야.

| 빈 접시의 개수 | 딸기의 개수(0의 단) |
|---|---|
| | 0×[ 1 ]=[ 0 ] |
| | 0×[ ]=[ ] |
| | 0×[ ]=[ ] |
| | 0×[ ]=[ ] |
| | 0×[ ]=[ ] |
| | 0×[ ]=[ ] |
| | 0×[ ]=[ ] |
| | 0×[ ]=[ ] |
| | 0×[ ]=[ ] |

**잠깐! 퀴즈**

'0×10'과 곱의 결과가 같은 것은 무엇일까요?

① 0×3 ② 10

정답 ①

0은 아무것도 없다는 것을 뜻해요. 따라서 0과 어떤 수의 곱은 항상 0이 돼요.
$0 \times 1 = 0$, $0 \times 3 = 0$, $0 \times 5 = 0$, …

다음 □ 안에 알맞은 수를 쓰세요.

① $0 = \boxed{0} \times \boxed{1} = \square$

② $0 + 0 = \square \times \square = \square$

③ $0 + 0 + 0 + 0 + 0 = \square \times \square = \square$

④ 0의 3배 → $0 \times \square = \square$

⑤ 0의 8배 → $0 \times \square = \square$

⑥ $0 \times 7 = \square$

⑦ $0 \times 6 = \square$

⑧ $0 \times 9 = \square$

⑨ $0 \times 4 = \square$

도전! 구구단

# 50 1단, 10단, 0단 – 연습하기 1

다음 □ 안에 두 수의 곱을 쓰세요.

① $0 \times 3 = \square$

② $1 \times 2 = \square$

③ $0 \times 7 = \square$

④ $1 \times 9 = \square$

⑤ $1 \times 5 = \square$

⑥ $1 \times 1 = \square$

⑦ $0 \times 5 = \square$

⑧ $10 \times 2 = \square$

⑨ $10 \times 9 = \square$

⑩ $0 \times 9 = \square$

⑪ $1 \times 4 = \square$

⑫ $10 \times 6 = \square$

⑬ $10 \times 7 = \square$

⑭ $10 \times 5 = \square$

⑮ $1 \times 8 = \square$

⑯ $0 \times 8 = \square$

⑰ $10 \times 3 = \square$

⑱ $10 \times 4 = \square$

다음 □ 안에 두 수의 곱을 쓰세요.

① $10 \times 3 = \square$

② $10 \times 9 = \square$

③ $1 \times 9 = \square$

④ $0 \times 8 = \square$

⑤ $1 \times 6 = \square$

⑥ $10 \times 1 = \square$

⑦ $10 \times 8 = \square$

⑧ $1 \times 0 = \square$

⑨ $0 \times 1 = \square$

⑩ $10 \times 5 = \square$

⑪ $1 \times 4 = \square$

⑫ $1 \times 3 = \square$

⑬ $0 \times 7 = \square$

⑭ $10 \times 2 = \square$

⑮ $1 \times 7 = \square$

⑯ $1 \times 5 = \square$

⑰ $10 \times 4 = \square$

⑱ $0 \times 6 = \square$

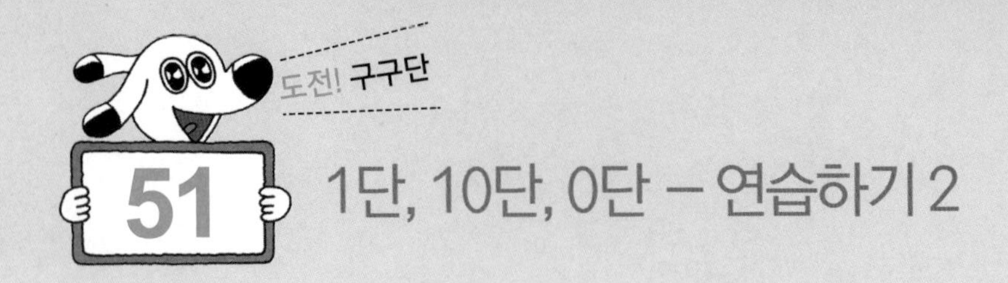


# 1단, 10단, 0단 – 연습하기 2

다음 곱셈표를 완성하세요.

①

| × | 1 | 2 | 3 | 4 | 5 | 6 | 7 | 8 | 9 |
|---|---|---|---|---|---|---|---|---|---|
| 1 | 1 | | | | | | | | |

②

| × | 1 | 2 | 3 | 4 | 5 | 6 | 7 | 8 | 9 |
|---|---|---|---|---|---|---|---|---|---|
| 10 | | | | | | | | | |

③

| × | 3 | 2 | 1 | 4 | 7 | 6 | 9 | 8 | 5 |
|---|---|---|---|---|---|---|---|---|---|
| 10 | | 20 | 10 | | | | | 80 | |
| 0 | 0 | | | 0 | | | | 0 | 0 |
| 1 | | | 1 | 4 | | | | | 5 |

어떤 수인지 구해 보세요.

① 나는 어떤 수일까요?

- 1의 단 곱셈구구에 나오는 수입니다.
- $3 \times 2$보다 작습니다.
- 4의 단 곱셈구구에도 있습니다.

★ 나는 ☐입니다.

② 나는 어떤 수일까요?

- 10의 단 곱셈구구에 나오는 수입니다.
- 15보다 작습니다.
- 5의 단 곱셈구구에도 있습니다.

★ 나는 ☐입니다.

# 52 돌발, 섞어 구구단 1

다음 □ 안에 두 수의 곱을 쓰세요.

① $6 \times 2 =$ □

② $7 \times 4 =$ □

③ $8 \times 3 =$ □

④ $9 \times 4 =$ □

⑤ $10 \times 5 =$ □

⑥ $0 \times 7 =$ □

⑦ $8 \times 5 =$ □

⑧ $7 \times 6 =$ □

⑨ $6 \times 6 =$ □

⑩ $6 \times 3 =$ □

⑪ $7 \times 7 =$ □

⑫ $9 \times 5 =$ □

⑬ $9 \times 8 =$ □

⑭ $7 \times 5 =$ □

⑮ $8 \times 6 =$ □

⑯ $8 \times 7 =$ □

⑰ $10 \times 6 =$ □

⑱ $6 \times 8 =$ □

다음 □ 안에 두 수의 곱을 쓰세요.

1. $7 \times 9 = \square$
2. $8 \times 9 = \square$
3. $9 \times 3 = \square$
4. $6 \times 5 = \square$
5. $9 \times 7 = \square$
6. $0 \times 9 = \square$
7. $8 \times 8 = \square$
8. $7 \times 8 = \square$
9. $9 \times 9 = \square$

앗! 실수

10. $6 \times 9 = \square$
11. $6 \times 8 = \square$
12. $9 \times 6 = \square$
13. $7 \times 6 = \square$
14. $8 \times 7 = \square$
15. $10 \times 8 = \square$

잠시 헷갈렸던 곱셈을 쓰고 외우세요.

$\square \times \square = \square$

# 53 돌발, 섞어 구구단 2

다음 □ 안에 두 수의 곱을 쓰세요.

1. $9 \times 5 = \square$
2. $8 \times 9 = \square$
3. $8 \times 3 = \square$
4. $8 \times 7 = \square$
5. $6 \times 9 = \square$
6. $9 \times 6 = \square$
7. $10 \times 4 = \square$
8. $7 \times 6 = \square$
9. $6 \times 3 = \square$
10. $7 \times 0 = \square$
11. $7 \times 7 = \square$
12. $8 \times 10 = \square$
13. $9 \times 9 = \square$
14. $8 \times 8 = \square$
15. $7 \times 3 = \square$
16. $6 \times 7 = \square$
17. $7 \times 8 = \square$
18. $6 \times 4 = \square$

다음 □ 안에 두 수의 곱을 쓰세요.

① $7 \times 6 = \square$

② $10 \times 3 = \square$

③ $9 \times 4 = \square$

④ $8 \times 6 = \square$

⑤ $6 \times 5 = \square$

⑥ $7 \times 9 = \square$

⑦ $0 \times 7 = \square$

⑧ $8 \times 5 = \square$

⑨ $9 \times 3 = \square$

**앗! 실수**

친구들이 자주 틀리는 문제!

⑩ $7 \times 4 = \square$

⑪ $8 \times 7 = \square$

⑫ $7 \times 8 = \square$

⑬ $8 \times 9 = \square$

⑭ $9 \times 7 = \square$

⑮ $10 \times 9 = \square$

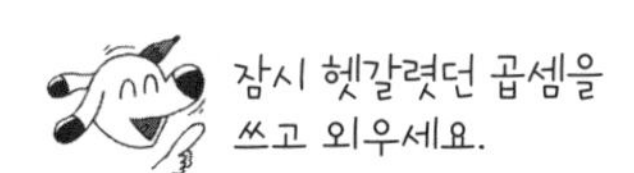


$\square \times \square = \square$

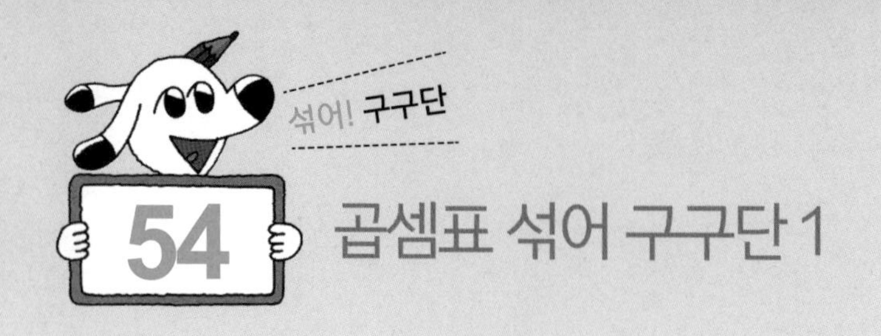


# 곱셈표 섞어 구구단 1

다음 6~9단의 곱셈표를 완성하세요.

| 6단 | | 7단 | | 8단 | | 9단 | |
|---|---|---|---|---|---|---|---|
| 1 | 6 | 1 | 7 | 1 | 8 | 1 | 9 |
| 2 | | 2 | | 2 | | 2 | |
| 3 | | 3 | | 3 | | 3 | |
| 4 | | 4 | | 4 | | 4 | |
| 5 | | 5 | | 5 | | 5 | |
| 6 | | 6 | | 6 | | 6 | |
| 7 | | 7 | | 7 | | 7 | |
| 8 | | 8 | | 8 | | 8 | |
| 9 | | 9 | | 9 | | 9 | |

다음 6~9단의 거꾸로 된 곱셈표를 완성하세요.

| 6단 | | 7단 | | 8단 | | 9단 | |
|---|---|---|---|---|---|---|---|
| 9 | | 9 | | 9 | | 9 | |
| 8 | | 8 | | 8 | | 8 | |
| 7 | | 7 | | 7 | | 7 | |
| 6 | | 6 | | 6 | | 6 | |
| 5 | | 5 | | 5 | | 5 | |
| 4 | | 4 | | 4 | | 4 | |
| 3 | | 3 | | 3 | | 3 | |
| 2 | | 2 | | 2 | | 2 | |
| 1 | | 1 | | 1 | | 1 | |

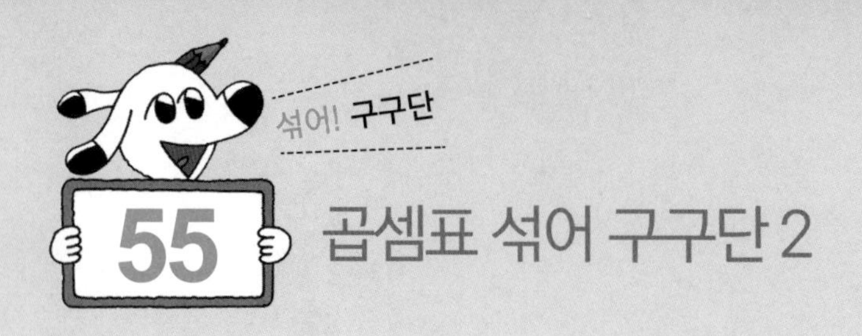


# 곱셈표 섞어 구구단 2

다음 곱셈표의 ★칸에 두 수의 곱을 쓰세요.

| × | 1 | 2 | 3 | 4 | 5 | 6 | 7 | 8 | 9 |
|---|---|---|---|---|---|---|---|---|---|
| 6 | | | | | | | ★ | ★ | ★ |
| 7 | | | | ★ | ★ | ★ | | ★ | ★ |
| 8 | | | ★ | ★ | | | ★ | | ★ |
| 9 | | | ★ | ★ | | ★ | ★ | ★ | |

다음 곱셈표를 완성하세요.

①

| × | 2 | 5 | 8 | 1 | 4 | 3 | 6 | 7 | 9 |
|---|---|---|---|---|---|---|---|---|---|
| 6 | | | | | | | | | |

②

| × | 1 | 7 | 9 | 2 | 5 | 6 | 3 | 4 | 8 |
|---|---|---|---|---|---|---|---|---|---|
| 7 | | | | | | | | | |

③

| × | 5 | 6 | 1 | 8 | 7 | 2 | 3 | 9 | 4 |
|---|---|---|---|---|---|---|---|---|---|
| 8 | | | | | | | | | |

④

| × | 2 | 9 | 3 | 1 | 8 | 4 | 7 | 5 | 6 |
|---|---|---|---|---|---|---|---|---|---|
| 9 | | | | | | | | | |

# 그림 섞어 구구단 1

다음 6의 단 곱셈표에 두 수의 곱을 쓰세요.

| × | 1 | 2 | 3 | 4 | 5 | 6 | 7 | 8 | 9 | 10 |
|---|---|---|---|---|---|---|---|---|---|---|
| 6 | 6 | | | | | | | | | 60 |

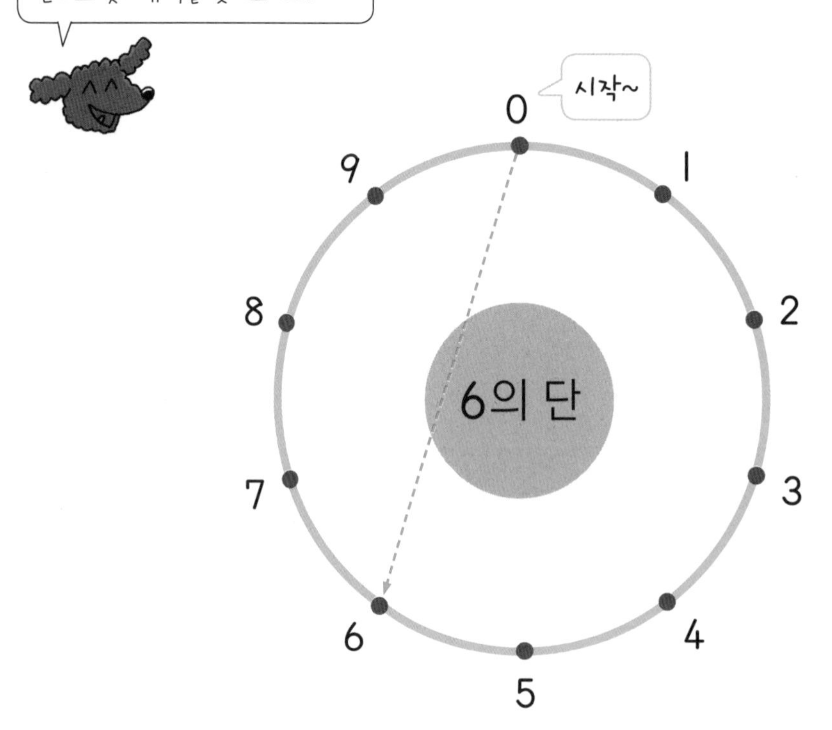


규칙 0을 시작으로 원에 선을 그으면 순서대로 [0], [ ], [ ], [ ], [ ], [0] 순으로 그려지며, (별, 오각형) 모양의 도형이 그려집니다.

다음 7의 단 곱셈표에 두 수의 곱을 쓰세요.

| × | 1 | 2 | 3 | 4 | 5 | 6 | 7 | 8 | 9 | 10 |
|---|---|---|---|---|---|---|---|---|---|---|
| 7 | 7 | | | | | | | | | 70 |

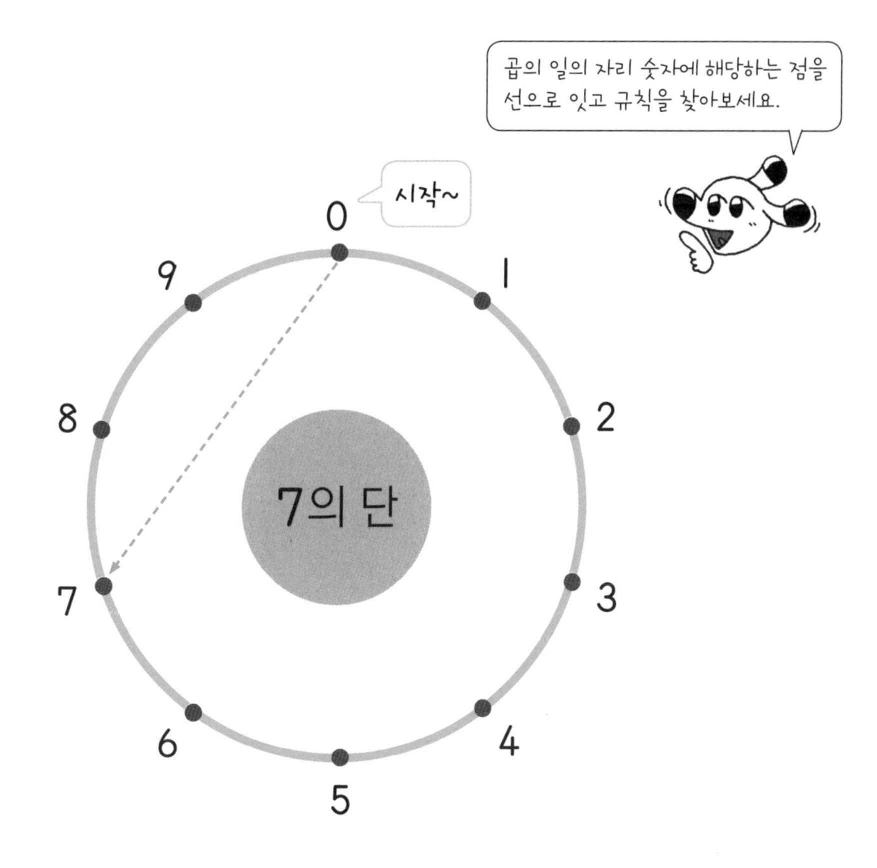


규칙 0을 시작으로 원에 선을 그으면 (톱니바퀴, 별집) 모양의 도형이 그려집니다.

# 57 그림 섞어 구구단 2

다음 8의 단 곱셈표에 두 수의 곱을 쓰세요.

| × | 1 | 2 | 3 | 4 | 5 | 6 | 7 | 8 | 9 | 10 |
|---|---|---|---|---|---|---|---|---|---|---|
| 8 | 8 | | | | | | | | | 80 |

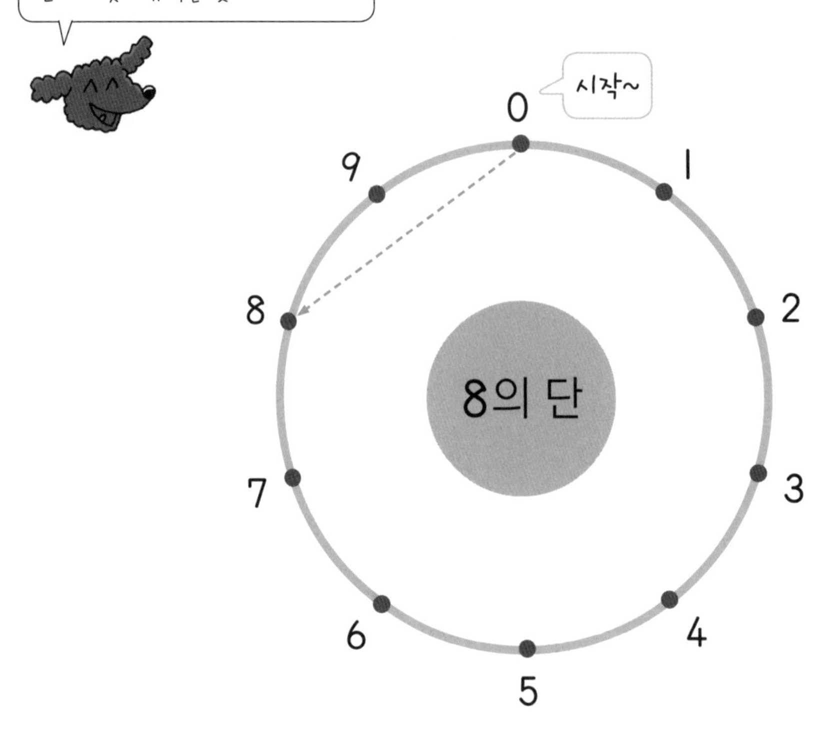


규칙 0을 시작으로 원에 선을 그으면 순서대로 [0], [ ], [ ], [ ], [ ], [0] 순으로 그려지며, (삼각형, 오각형) 모양의 도형이 그려집니다.

다음 9의 단 곱셈표에 두 수의 곱을 쓰세요.

| × | 1 | 2 | 3 | 4 | 5 | 6 | 7 | 8 | 9 | 10 |
| --- | --- | --- | --- | --- | --- | --- | --- | --- | --- | --- |
| 9 | 9 |  |  |  |  |  |  |  |  | 90 |

곱의 일의 자리 숫자에 해당하는 점을 선으로 잇고 규칙을 찾아보세요.

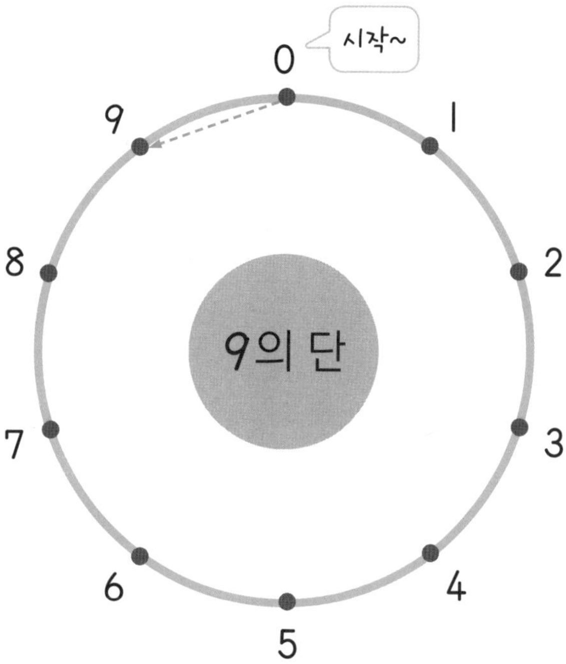

시작~

0, 1, 2, 3, 4, 5, 6, 7, 8, 9

9의 단

규칙 0을 시작으로 원에 선을 그으면 순서대로 [0], [ ], [ ], [ ], [ ], [ ], [ ], [ ], [ ], [ ], [0] 순으로 일의 자리 수가 1씩 작아집니다.

# 셋째 마당
# 구구단 응용력 다지기

| | | | |
|---|---|---|---|
| 구구단 속 규칙 찾기 | 시작 : | 월 | 일 |
| | 끝 : | 월 | 일 |
| □ 안의 수 구하기 | 시작 : | 월 | 일 |
| | 끝 : | 월 | 일 |
| 교과 융합형 문제 | 시작 : | 월 | 일 |
| | 끝 : | 월 | 일 |

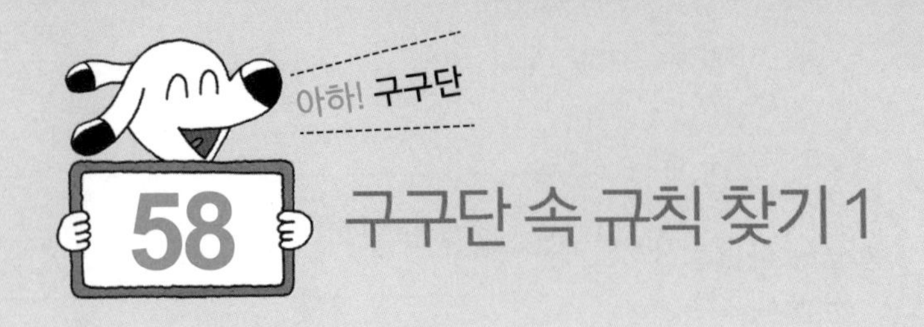


# 58 구구단 속 규칙 찾기 1

다음 곱셈표를 보고 물음에 답하세요.

| × | 1 | 2 | 3 | 4 | 5 | 6 | 7 | 8 | 9 |
|---|---|---|---|---|---|---|---|---|---|
| 1 | | 2 | | | 5 | | | | |
| 2 | 2<br>2×1 | 4<br>2×2 | 6<br>2×3 | 8<br>2×4 | 10<br>2×5 | 12<br>2×6 | 14<br>2×7 | 16<br>2×8 | 18<br>2×9 |
| 3 | | 6 | | | 15 | | | | |
| 4 | | 8 | | | 20 | | | | |
| 5 | 5<br>5×1 | 10<br>5×2 | 15<br>5×3 | 20<br>5×4 | 25<br>5×5 | 30<br>5×6 | 35<br>5×7 | 40<br>5×8 | 45<br>5×9 |
| 6 | | 12 | | | 30 | | | | |
| 7 | | 14 | | | 35 | | | | |
| 8 | | 16 | | | 40 | | | | |
| 9 | | 18 | | | 45 | | | | |

(2의 단 가로줄 → ①, 5의 단 가로줄 → ③, 2의 단 세로줄 → ②, 5의 단 세로줄 → ④)

**곱셈표 규칙 찾기**

① 2의 단의 가로줄: 오른쪽으로 한 칸씩 이동할 때마다 곱이 ☐씩 커집니다.

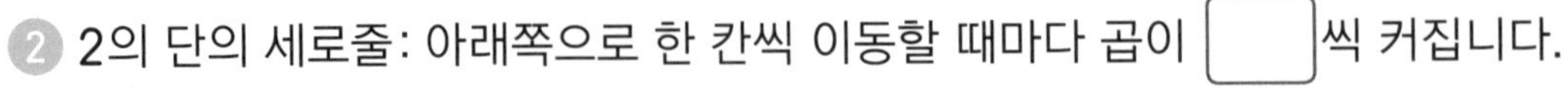

② 2의 단의 세로줄: 아래쪽으로 한 칸씩 이동할 때마다 곱이 ☐씩 커집니다.

③ 5의 단의 가로줄: 오른쪽으로 한 칸씩 이동할 때마다 곱이 ☐씩 커집니다.

④ 5의 단의 세로줄: 아래쪽으로 한 칸씩 이동할 때마다 곱이 ☐씩 커집니다.

2의 단 가로줄은 곱이 2씩 커지고, 세로줄도 곱이 2씩 커져요.
5의 단 가로줄은 곱이 5씩 커지고, 세로줄도 곱이 5씩 커져요.
이처럼 구구단의 곱셈표를 보면 ♥의 단은 곱이 ♥씩 커져요.

다음 곱셈표를 보고 물음에 답하세요.

| × | 1 | 2 | 3 | 4 | 5 | 6 | 7 | 8 | 9 | |
|---|---|---|---|---|---|---|---|---|---|---|
| 1 | | | | | | | | | | |
| 2 | | | | | | | | | | |
| 3 | | | | | | | | | | → ㉮ |
| 4 | | | | | | | | | | |
| 5 | | | | | | | | | | |
| 6 | | | | | | | | | | → ㉯ |
| 7 | | | | | | | | | | |
| 8 | | | | | | | | | | |
| 9 | | | | | | | | | | → ㉰ |

1. ㉮, ㉯, ㉰에 두 수의 곱을 쓰세요.

2. ㉮는 곱이 ☐씩 커지고, ㉯는 곱이 ☐씩 커집니다.

3. ㉰는 곱이 ☐씩 커지고, 십의 자리와 일의 자리의 수의 합이 항상 ☐입니다.

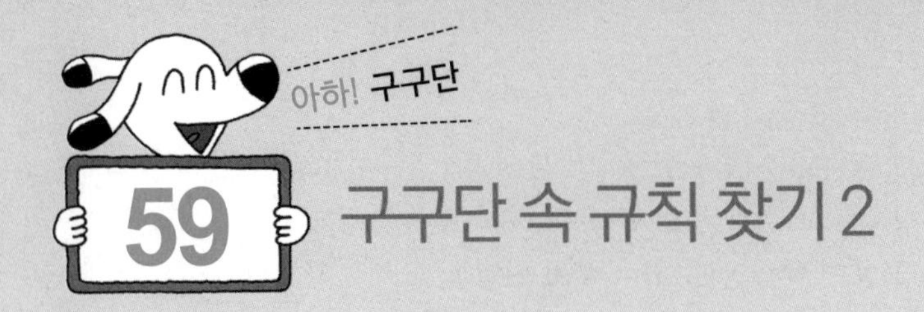


# 구구단 속 규칙 찾기 2

다음 곱셈표를 보고 물음에 답하세요.

| × | 1 | 2 | 3 | 4 | 5 | 6 | 7 | 8 | 9 |
|---|---|---|---|---|---|---|---|---|---|
| 1 | 1 | | | | | | | | |
| 2 | | 4 | | | | | | | |
| 3 | | | 9 | | | | | | |
| 4 | | | | 16 | | | | | |
| 5 | | | | | 25 | | | | |
| 6 | | | | | | 36 | | | |
| 7 | | | | | | | 49 | | |
| 8 | | | | | | | | 64 | |
| 9 | | | | | | | | | 81 |

곱셈표 규칙 찾기

① □×□=16, □×□=25입니다.

② □×□=49, □×□=81입니다.

③ 16, 25, 49, 81은 곱해지는 수와 곱하는 수가 (같습니다, 다릅니다).

1×1=1, 2×2=4, 3×3=9, 4×4=16, 5×5=25, ……, 9×9=81
구구단 곱셈표에서 대각선에 있는 수는 곱해지는 수와 곱하는 수가 같아요.

다음 곱셈표를 보고 □ 안에 알맞은 수를 쓰세요.

| × | 1 | 2 | 3 | 4 | 5 | 6 | 7 | 8 | 9 |
|---|---|---|---|---|---|---|---|---|---|
| 1 | ① | | | | | | | | |
| 2 | | ② | | | | | | | |
| 3 | | | ③ | | | | | | |
| 4 | | | | ④ | | | | | |
| 5 | | | | | ⑤ | | | | |
| 6 | | | | | | ⑥ | | | |
| 7 | | | | | | | ⑦ | | |
| 8 | | | | | | | | ⑧ | |
| 9 | | | | | | | | | ⑨ |

① $1\times1=\square$　② $2\times2=\square$　③ $3\times3=\square$

④ $4\times4=\square$　⑤ $5\times5=\square$　⑥ $6\times6=\square$

⑦ $7\times7=\square$　⑧ $8\times8=\square$　⑨ $9\times9=\square$

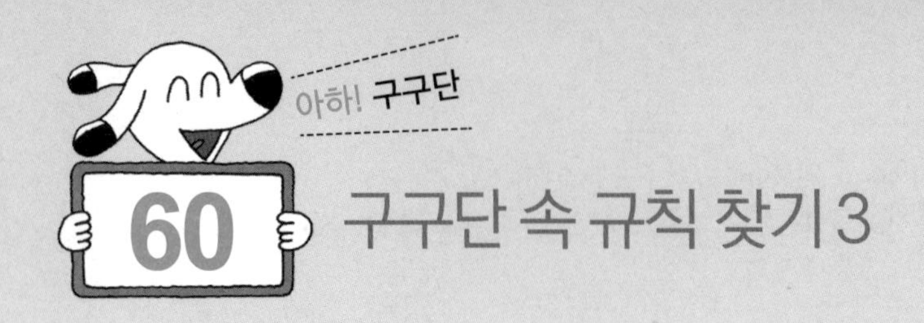


# 구구단 속 규칙 찾기 3

다음 곱셈표에서 ○표와 같은 곱을 찾아 △표 하고 물음에 답하세요.

| × | 1 | 2 | 3 | 4 | 5 | 6 | 7 | 8 | 9 |
|---|---|---|---|---|---|---|---|---|---|
| 1 | 1 | 2 | 3 | 4 | 5 | 6 | 7 | 8 | 9 |
| 2 | 2 | 4 | 6 | 8 | 10 | 12 | 14 | 16 | 18 |
| 3 | 3 | 6 | 9 | 12 | ⑮ | 18 | 21 | 24 | 27 |
| 4 | 4 | 8 | 12 | 16 | 20 | 24 | 28 | 32 | 36 |
| 5 | 5 | 10 | 15 | 20 | 25 | 30 | 35 | ㊵ | 45 |
| 6 | 6 | 12 | 18 | 24 | 30 | 36 | 42 | 48 | 54 |
| 7 | 7 | 14 | 21 | 28 | 35 | 42 | 49 | 56 | 63 |
| 8 | 8 | 16 | 24 | 32 | 40 | 48 | 56 | 64 | 72 |
| 9 | 9 | 18 | 27 | 36 | 45 | 54 | 63 | 72 | 81 |

곱셈표 규칙 찾기

① $3\times5=15$와 $5\times\square=15$는 곱의 결과가 같습니다.

② $5\times8=40$과 $8\times\square=40$은 곱의 결과가 같습니다.

③ 곱셈에서는 곱하는 두 수의 계산 순서를 바꾸어 곱해도 곱의 결과가 (같습니다, 다릅니다).

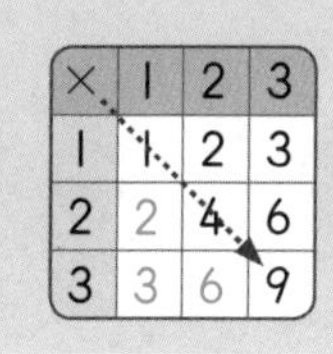

| × | 1 | 2 | 3 |
|---|---|---|---|
| 1 | 1 | 2 | 3 |
| 2 | 2 | 4 | 6 |
| 3 | 3 | 6 | 9 |

곱셈표에서 ↘ 방향으로 선을 따라 접으면 만나는
두 수는 같아요.
3×2=6, 2×3=6

다음 곱셈표를 보고 물음에 답하세요.

| × | 1 | 2 | 3 | 4 | 5 | 6 | 7 | 8 | 9 |
|---|---|---|---|---|---|---|---|---|---|
| 1 | 1 | | | | | | | | |
| 2 | | 4 | | | 10 | | | | |
| 3 | | | 9 | | | | | | |
| 4 | | | | 16 | | | | | |
| 5 | | ♥ | | | 25 | | | | |
| 6 | | | | | | 36 | | | |
| 7 | | | 🎀 | | | | 49 | | |
| 8 | | | | | ★ | | | 64 | |
| 9 | | | | | | | | | 81 |

1. 곱셈표에서 ♥와 같은 곱을 찾아 수를 쓰고, ♥와 선으로 연결하세요.
2. 곱셈표에서 🎀과 같은 곱을 찾아 수를 쓰고, 🎀과 선으로 연결하세요.
3. 곱셈표에서 ★과 같은 곱을 찾아 수를 쓰고, ★과 선으로 연결하세요.

# 구구단 속 규칙 찾기 – 연습하기

다음 □ 안에 두 수의 곱을 쓰고, 곱이 같은 것끼리 선으로 연결하세요.

| | |
|---|---|
| ① $1\times2=\square$ • | • $8\times3=\square$ |
| ② $3\times5=\square$ • | • $5\times3=\square$ |
| ③ $6\times3=\square$ • | • $9\times8=\square$ |
| ④ $4\times8=\square$ • | • $3\times6=\square$ |
| ⑤ $3\times8=\square$ • | • $2\times1=\square$ |
| ⑥ $5\times2=\square$ • | • $7\times2=\square$ |
| ⑦ $8\times9=\square$ • | • $5\times7=\square$ |
| ⑧ $7\times5=\square$ • | • $2\times5=\square$ |
| ⑨ $2\times7=\square$ • | • $8\times4=\square$ |

다음 □ 안에 두 수의 곱을 쓰고, 곱이 같은 것끼리 선으로 연결하세요.

| | |
|---|---|
| ① $2 \times 9 =$ □ • | • $7 \times 1 =$ □ |
| ② $1 \times 7 =$ □ • | • $9 \times 7 =$ □ |
| ③ $3 \times 7 =$ □ • | • $9 \times 2 =$ □ |
| ④ $4 \times 8 =$ □ • | • $7 \times 3 =$ □ |
| ⑤ $0 \times 1 =$ □ • | • $1 \times 0 =$ □ |
| ⑥ $7 \times 9 =$ □ • | • $5 \times 8 =$ □ |
| ⑦ $9 \times 3 =$ □ • | • $8 \times 4 =$ □ |
| ⑧ $8 \times 5 =$ □ • | • $6 \times 2 =$ □ |
| ⑨ $2 \times 6 =$ □ • | • $3 \times 9 =$ □ |

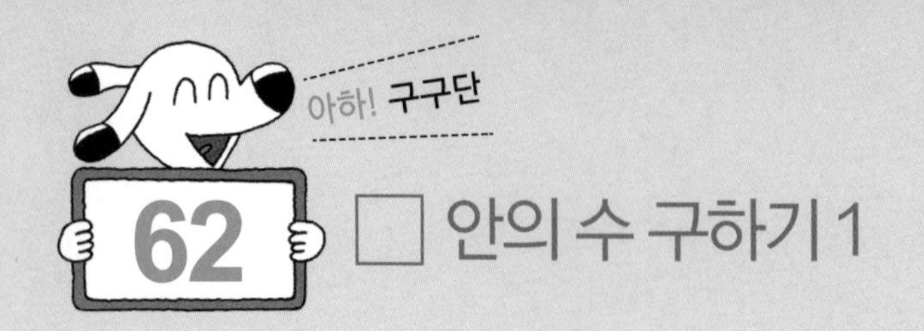


# □ 안의 수 구하기 1

다음 2의 단과 5의 단을 보고 □ 안에 알맞은 수를 쓰세요.

| 2의 단 |
| --- |
| $2 \times 1 = 2$ |
| $2 \times \square = 4$ |
| $2 \times \square = 6$ |
| $2 \times \square = 8$ |
| $2 \times \square = 10$ |
| $2 \times \square = 12$ |
| $2 \times \square = 14$ |
| $2 \times \square = 16$ |
| $2 \times \square = 18$ |

| 5의 단 |
| --- |
| $5 \times 1 = 5$ |
| $5 \times \square = 10$ |
| $5 \times \square = 15$ |
| $5 \times \square = 20$ |
| $5 \times \square = 25$ |
| $5 \times \square = 30$ |
| $5 \times \square = 35$ |
| $5 \times \square = 40$ |
| $5 \times \square = 45$ |

□ 안의 수는 구구단을 이용하여 구하면 쉬워요.
2×□=12에서 2의 단을 외우면 □는 6이에요.

다음 □ 안에 알맞은 수를 쓰세요.

① $3\times\square=15$

② $2\times\square=14$

③ $6\times\square=48$

④ $2\times\square=16$

⑤ $4\times\square=32$

⑥ $3\times\square=27$

⑦ $5\times\square=40$

⑧ $7\times\square=42$

⑨ $3\times\square=24$

⑩ $3\times\square=18$

⑪ $5\times\square=45$

⑫ $8\times\square=56$

⑬ $5\times\square=30$

⑭ $6\times\square=30$

⑮ $7\times\square=49$

⑯ $8\times\square=72$

⑰ $9\times\square=72$

⑱ $6\times\square=54$

# □ 안의 수 구하기 2

다음 3의 단과 9의 단을 보고 □ 안에 알맞은 수를 쓰세요.

| 3의 단 | 9의 단 |
|---|---|
| $\square \times 1 = 3$ | $\square \times 1 = 9$ |
| $\square \times 2 = 6$ | $\square \times 2 = 18$ |
| $\square \times 3 = 9$ | $\square \times 3 = 27$ |
| $\square \times 4 = 12$ | $\square \times 4 = 36$ |
| $\square \times 5 = 15$ | $\square \times 5 = 45$ |
| $\square \times 6 = 18$ | $\square \times 6 = 54$ |
| $\square \times 7 = 21$ | $\square \times 7 = 63$ |
| $\square \times 8 = 24$ | $\square \times 8 = 72$ |
| $\square \times 9 = 27$ | $\square \times 9 = 81$ |

곱셈에서는 곱하는 두 수의 순서를 바꾸어도 곱의 결과가 항상 같기 때문에 □×3=15에서 □는 3의 단을 이용하여 구하면 쉬워요.

3×5=15 ↔ □×3=15, □=5

다음 □ 안에 알맞은 수를 쓰세요.

① □×6=12

② □×2=16

③ □×3=27

④ □×7=21

⑤ □×5=20

⑥ □×7=28

⑦ □×9=45

⑧ □×6=24

⑨ □×7=42

⑩ □×9=54

⑪ □×4=28

⑫ □×6=42

⑬ □×7=63

⑭ □×6=48

⑮ □×8=24

⑯ □×6=36

⑰ □×8=72

⑱ □×6=54

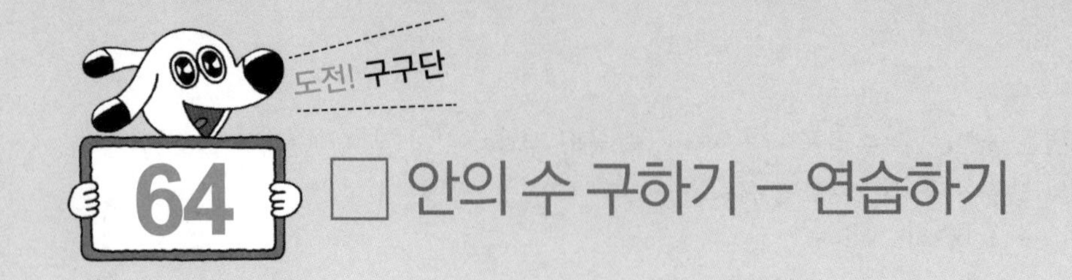


다음 □ 안에 알맞은 수를 쓰세요.

① $3 \times \square = 18$

② $2 \times \square = 18$

③ $4 \times \square = 24$

④ $5 \times \square = 35$

⑤ $7 \times \square = 35$

⑥ $8 \times \square = 48$

⑦ $6 \times \square = 24$

⑧ $9 \times \square = 63$

⑨ $7 \times \square = 49$

⑩ $\square \times 3 = 21$

⑪ $\square \times 8 = 16$

⑫ $\square \times 8 = 40$

⑬ $\square \times 9 = 54$

⑭ $\square \times 8 = 32$

⑮ $\square \times 5 = 35$

⑯ $\square \times 7 = 42$

⑰ $\square \times 9 = 81$

⑱ $\square \times 9 = 72$

다음 □ 안에 알맞은 수를 쓰세요.

① $1 \times \square = 9$

② $5 \times \square = 45$

③ $4 \times \square = 36$

④ $\square \times 8 = 0$

⑤ $\square \times 4 = 28$

⑥ $\square \times 7 = 56$

⑦ $7 \times \square = 56$

⑧ $9 \times \square = 54$

⑨ $8 \times \square = 48$

⑩ $8 \times \square = 32$

⑪ $3 \times \square = 18$

⑫ $2 \times \square = 16$

⑬ $\square \times 3 = 21$

⑭ $\square \times 7 = 42$

⑮ $\square \times 9 = 0$

⑯ $8 \times \square = 72$

⑰ $9 \times \square = 9$

⑱ $10 \times \square = 70$

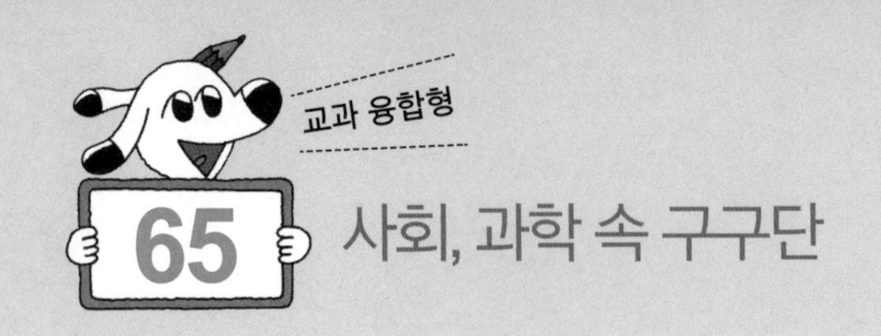


# 사회, 과학 속 구구단

**예제 1**

가은이네 반은 만국기를 이용해 장식을 하려고 합니다. 교실의 가로를 따라 한 줄에 6개씩 9줄을 달았습니다. 교실에 단 만국기는 모두 몇 개일까요?

**만국기(萬國旗)란 여러 나라의 국기를 줄에 매달아 장식하는 데 쓰이는 장식의 일종이다.

**풀이**

한 줄에 6개 나라의 국기를 매단 9줄을 곱셈식으로 나타내면

$6 \times \square = \square$입니다.

따라서 교실에 단 만국기는 모두 $\square$개입니다.

정답 9, 54, 54

1. 소윤이는 중국 국기를 그리려고 합니다. 한 장에 5개의 별이 있는 국기 9장에 그려야 할 별은 모두 몇 개일까요?

2. 오른쪽은 2014년 브라질 월드컵 그룹별 팀편성입니다. 한 그룹에 8개의 나라가 있다면 4개의 그룹에는 모두 몇 개의 나라가 있을까요?

| [1그룹] | | [2그룹] | |
|---|---|---|---|
| 남아공 | 네덜란드 | 한국 | 미국 |
| 이탈리아 | 독일 | 북한 | 멕시코 |
| 브라질 | 아르헨티나 | 일본 | 온두라스 |
| 스페인 | 잉글랜드 | 호주 | 뉴질랜드 |
| **[3그룹]** | | **[4그룹]** | |
| 파라과이 | 가나 | 프랑스 | 그리스 |
| 칠레 | 카메룬 | 포르투갈 | 세르비아 |
| 우루과이 | 나이지리아 | 덴마크 | 슬로베니아 |
| 알제리 | 코트디부아르 | 스위스 | 슬로바키아 |

*남아공 : 남아프리카공화국

예제 2

양은 발가락이 2개, 오리는 3개입니다. 농장에 양과 오리가 각각 한 마리씩 있다면 양과 오리의 발가락 수는 모두 몇 개일까요?

풀이

양은 발가락이 2개이므로 $2 \times \boxed{4} = \square$(개)이고,

오리는 발가락이 3개이므로 $3 \times \boxed{2} = \square$(개)입니다.

따라서 양과 오리의 발가락 수의 합은 $\square + \square = \square$개입니다.

정답 4, 8, 2, 6, 8, 6, 14

1. 낙타의 혹이 1개 있으면 단봉낙타, 혹이 2개 있으면 쌍봉낙타라고 불립니다. 사막에 쌍봉낙타가 7마리 있다면 혹은 모두 몇 개일까요?

2. 코스모스의 꽃잎은 8장입니다. 코스모스의 꽃잎이 모두 32장이라면 코스모스는 몇 송이일까요?

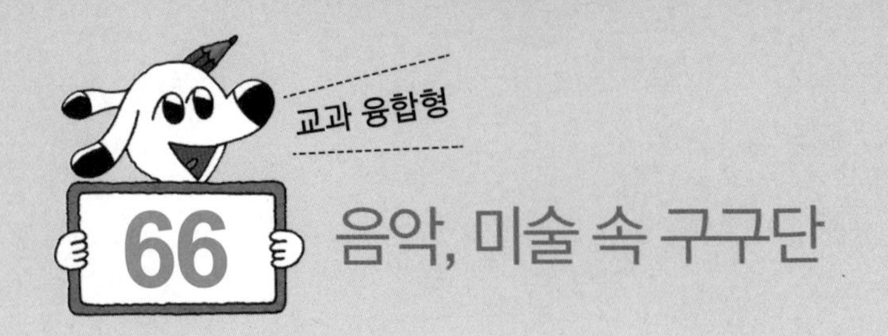


# 66 음악, 미술 속 구구단

예제 3

현악기는 줄의 진동으로 소리를 내는 악기로, 해금은 2줄, 거문고는 6줄을 가지고 있습니다. 해금의 줄이 거문고 1대의 줄의 수와 같으려면 몇 대 필요할까요?

해금 거문고

풀이

해금은 줄이 2줄이므로 거문고 6줄과 같으려면

2× ☐ = ☐ (줄)이 되어야 합니다.

따라서 필요한 해금은 ☐ 대입니다.

정답 3, 6, 3

1. 바이올린의 줄은 4줄입니다. 7대의 바이올린의 줄을 모두 교체하려면 필요한 줄의 수는 몇 줄일까요?

바이올린

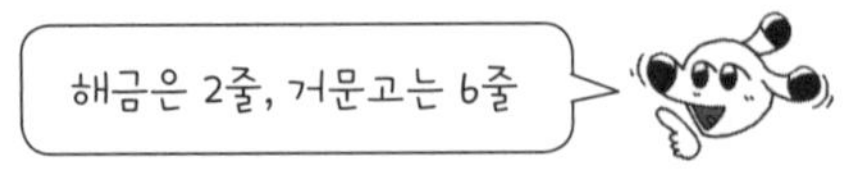


2. 전시장에 해금 5대와 거문고 2대가 진열되어 있습니다. 전시장에 진열되어 있는 해금과 거문고의 줄의 수는 모두 몇 줄일까요?

예제 4

테셀레이션은 같은 모양의 조각들을 틈이 생기지 않게 늘어 놓아 공간을 덮는 것을 말합니다. 바닥에 다음과 같은 모양의 타일을 한 줄에 5개씩 붙이려고 할 때, 6줄에 사용되는 타일의 개수는 모두 몇 개일까요?

풀이

한 줄에 5개씩 6줄에 사용되는 타일의 개수를 곱셈식으로 나타내면

5×□=□(개)입니다.

따라서 바닥에 사용되는 타일의 개수는 □개입니다.

정답 6, 30, 30

① 지후는 도화지 1장에 오른쪽 그림과 같은 오각형을 그리려고 합니다. 5장의 도화지에는 몇 개의 오각형을 그려야 할까요?

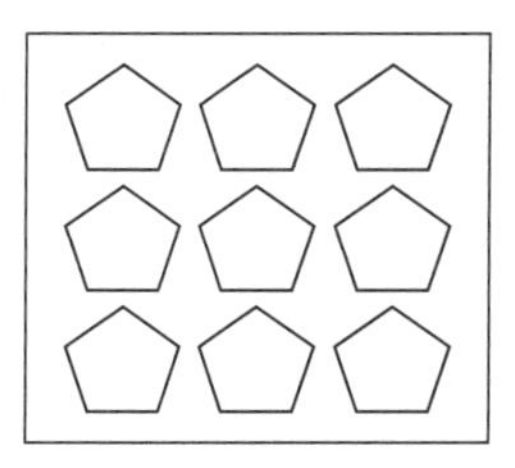

② 오른쪽 그림과 같은 물고기 모양이 그려진 타일이 40개 있습니다. 한 줄에 타일을 5개씩 붙이려면 몇 줄을 붙일 수 있을까요?

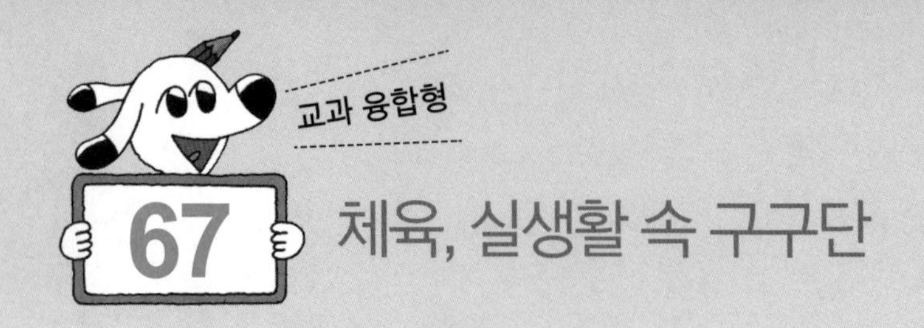

교과 융합형

# 67 체육, 실생활 속 구구단

**예제 5**

농구 한 팀의 인원은 5명, 배구는 6명입니다. 선수 이동 버스 차량에 농구 2팀, 배구 2팀이 함께 탔다면 버스에 탄 선수는 모두 몇 명일까요?

**풀이**

농구는 한 팀이 5명이므로 농구 2팀의 인원수는 5×□=□(명)이고,

배구는 한 팀이 6명이므로 배구 2팀의 인원수는 6×□=□(명)입니다.

따라서 버스에 탄 선수는 모두 □+□=□(명)입니다.

정답 2, 10, 2, 12, 10, 12, 22

**1** 야구 한 팀의 인원수는 9명입니다. 올림픽에 야구 8팀이 출전한다면 올림픽에 참석한 야구 선수는 모두 몇 명일까요?

**2** 경기 연습을 위해 핸드볼 공은 팀당 5개씩 준비하고, 축구공은 팀당 7개씩 준비합니다. 핸드볼은 8팀이고, 축구는 6팀이라면 공을 더 많이 준비해야 하는 팀은 어디일까요?

**예제 6**

편의점 진열대에 초코맛 우유는 4개씩 3줄, 딸기맛 우유는 4개씩 2줄이 진열되어 있습니다. 편의점에 진열되어 있는 우유는 모두 몇 개일까요?

**풀이**

초코맛 우유가 4개씩 3줄이므로 4×□=□(개)이고,

딸기맛 우유가 4개씩 2줄이므로 4×□=□(개)입니다.

따라서 편의점에 진열되어 있는 우유는 모두 □개입니다.

정답 3, 12, 2, 8, 20

1. 가은이는 매일 편의점에 들러서 사탕을 2개씩 사 먹었습니다. 7일 동안 가은이가 사 먹은 사탕의 개수는 모두 몇 개일까요?

2. 8봉지씩 들어 있는 젤리가 4박스, 3봉지씩 들어 있는 사탕이 8박스 있습니다. 젤리와 사탕은 모두 합하여 몇 봉지일까요?

# 바쁜 초등학생을 위한 빠른 구구단

스마트폰으로도 정답을 확인할 수 있어요!

## 2의 단 >>

### 01단계 ▸▸ 14쪽

| 같은 수를 여러 번 더하기 | 곱셈식으로 나타내기 |
|---|---|
| 2 | 2 × 1 = 2 |
| 2+2=4 | 2 × 2 = 4 |
| 2+2+2=6 | 2 × 3 = 6 |
| 2+2+2+2=8 | 2 × 4 = 8 |
| 2+2+2+2+2=10 | 2 × 5 = 10 |
| 2+2+2+2+2+2=12 | 2 × 6 = 12 |
| 2+2+2+2+2+2+2=14 | 2 × 7 = 14 |
| 2+2+2+2+2+2+2+2=16 | 2 × 8 = 16 |
| 2+2+2+2+2+2+2+2+2=18 | 2 × 9 = 18 |

### 01단계 ▸▸ 15쪽

① 2, 2, 4 ② 2×3=6 ③ 2×5=10
④ 2×8=16 ⑤ 2, 1, 2 ⑥ 2, 2, 2, 2, 8
⑦ 2+2+2+2+2+2=12
⑧ 2+2+2+2+2+2+2=14
⑨ 2+2+2+2+2+2+2+2+2=18

### 02단계 ▸▸ 16쪽

| 곱셈 | 몇 배 | 곱셈식 |
|---|---|---|
| 2×1 | 2의 1 배 | 2×1=2 |
| 2×2 | 2의 2 배 | 2×2=4 |
| 2×3 | 2의 3 배 | 2×3=6 |
| 2×4 | 2의 4 배 | 2×4=8 |
| 2×5 | 2의 5 배 | 2×5=10 |
| 2×6 | 2의 6 배 | 2×6=12 |
| 2×7 | 2의 7 배 | 2×7=14 |
| 2×8 | 2의 8 배 | 2×8=16 |
| 2×9 | 2 의 9 배 | 2×9=18 |

### 02단계 ▸▸ 17쪽

① 2, 2, 4 ② 4, 4, 8 ③ 5, 5, 10
④ 7, 7, 14 ⑤ 9, 9, 18

### 03단계 ▸▸ 18쪽

| 2의 단 | 읽기 | 쓰기 |
|---|---|---|
| 2×1=2 | 이 일은 이 | 2×1=2 |

| | | |
|---|---|---|
| 2×2=4 | 이 이는 사 | 2×2=4 |
| 2×3=6 | 이 삼은 육 | 2×3=6 |
| 2×4=8 | 이 사 팔 | 2×4=8 |
| 2×5=10 | 이 오 십 | 2×5=10 |
| 2×6=12 | 이 육 십이 | 2×6=12 |
| 2×7=14 | 이 칠 십사 | 2×7=14 |
| 2×8=16 | 이 팔 십육 | 2×8=16 |
| 2×9=18 | 이 구 십팔 | 2×9=18 |

03단계 ▸▸ 19쪽

① 2, 1, 2　② 2×5=10　③ 2×7=14
④ 2×9=18　⑤ 2×3=6　⑥ 사
⑦ 팔　⑧ 십육　⑨ 십이

04단계 ▸▸ 20쪽

① 2　② 4　③ 6　④ 8　⑤ 10
⑥ 12　⑦ 14　⑧ 16　⑨ 18　⑩ 18
⑪ 16　⑫ 14　⑬ 12　⑭ 10　⑮ 8
⑯ 6　⑰ 4　⑱ 2

04단계 ▸▸ 21쪽

① 6　② 2　③ 14　④ 18　⑤ 10
⑥ 4　⑦ 12　⑧ 8　⑨ 16　⑩ 12
⑪ 16　⑫ 14　⑬ 18

05단계 ▸▸ 22쪽

①

| × | 1 | 2 | 3 | 4 | 5 | 6 | 7 | 8 | 9 | 10 |
|---|---|---|---|---|---|---|---|---|---|---|
| 2 | 2 | 4 | 6 | 8 | 10 | 12 | 14 | 16 | 18 | 20 |

②

| × | 10 | 9 | 8 | 7 | 6 | 5 | 4 | 3 | 2 | 1 |
|---|---|---|---|---|---|---|---|---|---|---|
| 2 | 20 | 18 | 16 | 14 | 12 | 10 | 8 | 6 | 4 | 2 |

③

| × | 9 | 5 | 1 | 8 | 4 | 2 | 3 | 7 | 6 | 10 |
|---|---|---|---|---|---|---|---|---|---|---|
| 2 | 18 | 10 | 2 | 16 | 8 | 4 | 6 | 14 | 12 | 20 |

④

| × | 3 | 5 | 1 | 10 | 8 | 2 | 9 | 7 | 4 | 6 |
|---|---|---|---|---|---|---|---|---|---|---|
| 2 | 6 | 10 | 2 | 20 | 16 | 4 | 18 | 14 | 8 | 12 |

05단계 ▸▸ 23쪽

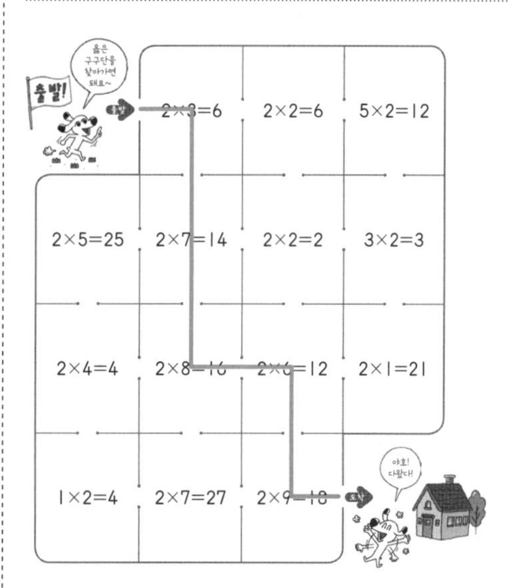


3의 단 >>

06단계 ▸▸ 24쪽

| 같은 수를 여러 번 더하기 | 곱셈식으로 나타내기 |
|---|---|
| 3 | 3 × 1 = 3 |
| 3+3=6 | 3 × 2 = 6 |
| 3+3+3=9 | 3 × 3 = 9 |

정답

| | |
|---|---|
| 3+3+3+3=12 | 3 × 4 = 12 |
| 3+3+3+3+3=15 | 3 × 5 = 15 |
| 3+3+3+3+3+3=18 | 3 × 6 = 18 |
| 3+3+3+3+3+3+3=21 | 3 × 7 = 21 |
| 3+3+3+3+3+3+3+3=24 | 3 × 8 = 24 |
| 3+3+3+3+3+3+3+3+3=27 | 3 × 9 = 27 |

06단계 ▸▸ 25쪽

① 3, 3, 9　② 3, 1, 3　③ 3×5=15
④ 3×7=21　⑤ 3×8=24　⑥ 3, 3, 6
⑦ 3+3+3+3=12
⑧ 3+3+3+3+3+3=18
⑨ 3+3+3+3+3+3+3+3+3=27

07단계 ▸▸ 26쪽

| 곱셈 | 몇 배 | 곱셈식 |
|---|---|---|
| 3×1 | 3의 1배 | 3×1=3 |
| 3×2 | 3의 2배 | 3×2=6 |
| 3×3 | 3의 3배 | 3×3=9 |
| 3×4 | 3의 4배 | 3×4=12 |
| 3×5 | 3의 5배 | 3×5=15 |
| 3×6 | 3의 6배 | 3×6=18 |
| 3×7 | 3의 7배 | 3×7=21 |
| 3×8 | 3의 8배 | 3×8=24 |
| 3×9 | 3의 9배 | 3×9=27 |

07단계 ▸▸ 27쪽

① 2, 2, 6　② 1, 1, 3　③ 5, 5, 15
④ 7, 7, 21　⑤ 4, 4, 12

08단계 ▸▸ 28쪽

| 3의 단 | 읽기 | 쓰기 |
|---|---|---|
| 3×1=3 | 삼 일은 삼 | 3×1=3 |
| 3×2=6 | 삼 이 육 | 3×2=6 |
| 3×3=9 | 삼 삼은 구 | 3×3=9 |
| 3×4=12 | 삼 사 십이 | 3×4=12 |
| 3×5=15 | 삼 오 십오 | 3×5=15 |
| 3×6=18 | 삼 육 십팔 | 3×6=18 |
| 3×7=21 | 삼 칠 이십일 | 3×7=21 |
| 3×8=24 | 삼 팔 이십사 | 3×8=24 |
| 3×9=27 | 삼 구 이십칠 | 3×9=27 |

08단계 ▸▸ 29쪽

① 3, 3, 9　② 3×5=15　③ 3×7=21
④ 3×8=24　⑤ 3×9=27　⑥ 삼
⑦ 육　⑧ 십이　⑨ 십팔

09단계 ▸▸ 30쪽

① 3　② 6　③ 9　④ 12　⑤ 15
⑥ 18　⑦ 21　⑧ 24　⑨ 27　⑩ 27
⑪ 24　⑫ 21　⑬ 18　⑭ 15　⑮ 12
⑯ 9　⑰ 6　⑱ 3

09단계 ▸▸ 31쪽

① 6　② 12　③ 15　④ 24　⑤ 3
⑥ 27　⑦ 18　⑧ 9　⑨ 21　⑩ 21
⑪ 24　⑫ 18　⑬ 27

⊖ 정답

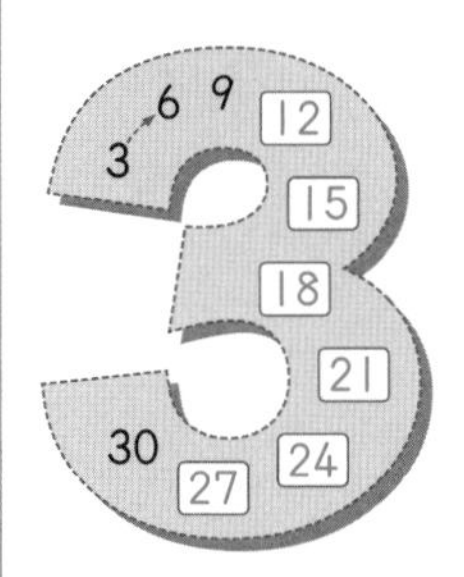


## 10단계 ▸▸ 32쪽

①

| × | 1 | 2 | 3 | 4 | 5 | 6 | 7 | 8 | 9 | 10 |
|---|---|---|---|---|---|---|---|---|---|---|
| 3 | 3 | 6 | 9 | 12 | 15 | 18 | 21 | 24 | 27 | 30 |

②

| × | 10 | 9 | 8 | 7 | 6 | 5 | 4 | 3 | 2 | 1 |
|---|---|---|---|---|---|---|---|---|---|---|
| 3 | 30 | 27 | 24 | 21 | 18 | 15 | 12 | 9 | 6 | 3 |

③

| × | 6 | 4 | 1 | 7 | 3 | 5 | 9 | 2 | 8 | 10 |
|---|---|---|---|---|---|---|---|---|---|---|
| 3 | 18 | 12 | 3 | 21 | 9 | 15 | 27 | 6 | 24 | 30 |

④

| × | 3 | 2 | 6 | 10 | 1 | 5 | 9 | 4 | 8 | 7 |
|---|---|---|---|---|---|---|---|---|---|---|
| 3 | 9 | 6 | 18 | 30 | 3 | 15 | 27 | 12 | 24 | 21 |

## 10단계 ▸▸ 33쪽

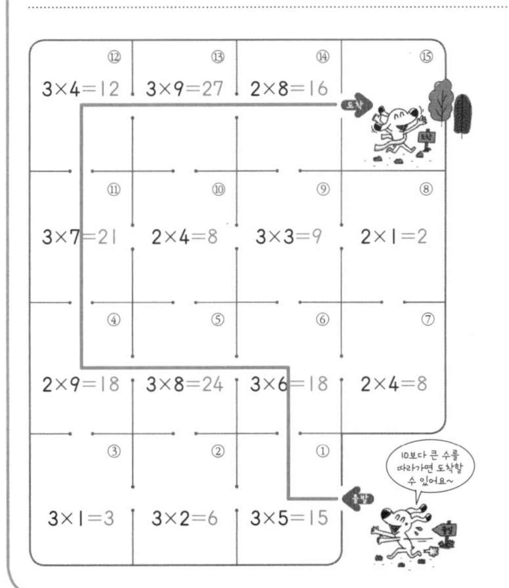


## 4의 단 >>

## 11단계 ▸▸ 34쪽

| 같은 수를 여러 번 더하기 | 곱셈식으로 나타내기 |
|---|---|
| 4 | 4 × 1 = 4 |
| 4+4=8 | 4 × 2 = 8 |
| 4+4+4=12 | 4 × 3 = 12 |
| 4+4+4+4=16 | 4 × 4 = 16 |
| 4+4+4+4+4=20 | 4 × 5 = 20 |
| 4+4+4+4+4+4=24 | 4 × 6 = 24 |
| 4+4+4+4+4+4+4=28 | 4 × 7 = 28 |
| 4+4+4+4+4+4+4+4=32 | 4 × 8 = 32 |
| 4+4+4+4+4+4+4+4+4=36 | 4 × 9 = 36 |

## 11단계 ▸▸ 35쪽

① 4, 2, 8 ② 4×4=16 ③ 4×6=24

④ 4×7=28 ⑤ 4, 1, 4 ⑥ 4, 4, 4, 12

⑦ 4+4+4+4+4+4+4+4=32

⑧ 4+4+4+4+4=20

⑨ 4+4+4+4+4+4+4+4+4=36

## 12단계 ▸▸ 36쪽

| 곱셈 | 몇 배 | 곱셈식 |
|---|---|---|
| 4×1 | 4의 1 배 | 4×1=4 |
| 4×2 | 4의 2 배 | 4×2=8 |
| 4×3 | 4의 3 배 | 4×3=12 |
| 4×4 | 4의 4 배 | 4×4=16 |
| 4×5 | 4의 5 배 | 4×5=20 |

## 정답

| 4×6 | 4의 6 배 | 4×6=24 |
|---|---|---|
| 4×7 | 4의 7 배 | 4×7=28 |
| 4×8 | 4의 8 배 | 4×8=32 |
| 4×9 | 4의 9배 | 4×9=36 |

12단계 ▸▸ 37쪽

① 3, 12 ② 5, 20 ③ 6, 24 ④ 8, 32

13단계 ▸▸ 38쪽

| 4의 단 | 읽기 | 쓰기 |
|---|---|---|
| 4×1=4 | 사 일은 사 | 4×1=4 |
| 4×2=8 | 사 이 팔 | 4×2=8 |
| 4×3=12 | 사 삼 십이 | 4×3=12 |
| 4×4=16 | 사 사 십육 | 4×4=16 |
| 4×5=20 | 사 오 이십 | 4×5=20 |
| 4×6=24 | 사 육 이십사 | 4×6=24 |
| 4×7=28 | 사 칠 이십팔 | 4×7=28 |
| 4×8=32 | 사 팔 삼십이 | 4×8=32 |
| 4×9=36 | 사 구 삼십육 | 4×9=36 |

13단계 ▸▸ 39쪽

① 4, 5, 20 ② 4×8=32 ③ 4×9=36
④ 4×1=4 ⑤ 4×3=12 ⑥ 십육
⑦ 이십팔 ⑧ 이십사 ⑨ 팔

14단계 ▸▸ 40쪽

① 4 ② 8 ③ 12 ④ 16 ⑤ 20
⑥ 24 ⑦ 28 ⑧ 32 ⑨ 36 ⑩ 36
⑪ 32 ⑫ 28 ⑬ 24 ⑭ 20 ⑮ 16
⑯ 12 ⑰ 8 ⑱ 4

14단계 ▸▸ 41쪽

① 20 ② 4 ③ 16 ④ 32 ⑤ 24
⑥ 28 ⑦ 8 ⑧ 12 ⑨ 36 ⑩ 16
⑪ 28 ⑫ 24 ⑬ 32

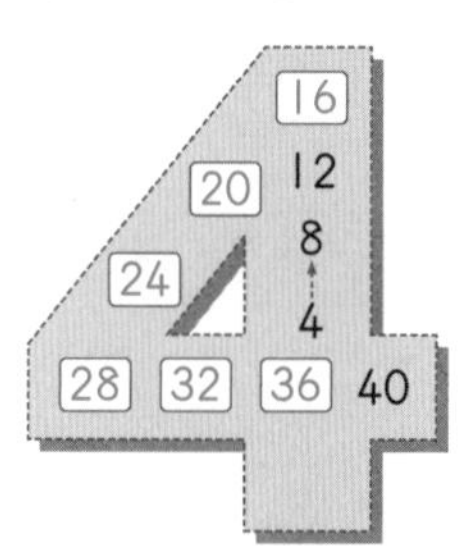


15단계 ▸▸ 42쪽

①

| × | 1 | 2 | 3 | 4 | 5 | 6 | 7 | 8 | 9 | 10 |
|---|---|---|---|---|---|---|---|---|---|---|
| 4 | 4 | 8 | 12 | 16 | 20 | 24 | 28 | 32 | 36 | 40 |

②

| × | 10 | 9 | 8 | 7 | 6 | 5 | 4 | 3 | 2 | 1 |
|---|---|---|---|---|---|---|---|---|---|---|
| 4 | 40 | 36 | 32 | 28 | 24 | 20 | 16 | 12 | 8 | 4 |

③

| × | 5 | 7 | 1 | 6 | 2 | 9 | 8 | 3 | 4 | 10 |
|---|---|---|---|---|---|---|---|---|---|---|
| 4 | 20 | 28 | 4 | 24 | 8 | 36 | 32 | 12 | 16 | 40 |

④

| × | 4 | 7 | 9 | 5 | 1 | 3 | 8 | 10 | 2 | 6 |
|---|---|---|---|---|---|---|---|---|---|---|
| 4 | 16 | 28 | 36 | 20 | 4 | 12 | 32 | 40 | 8 | 24 |

## 15단계 ▶▶ 43쪽

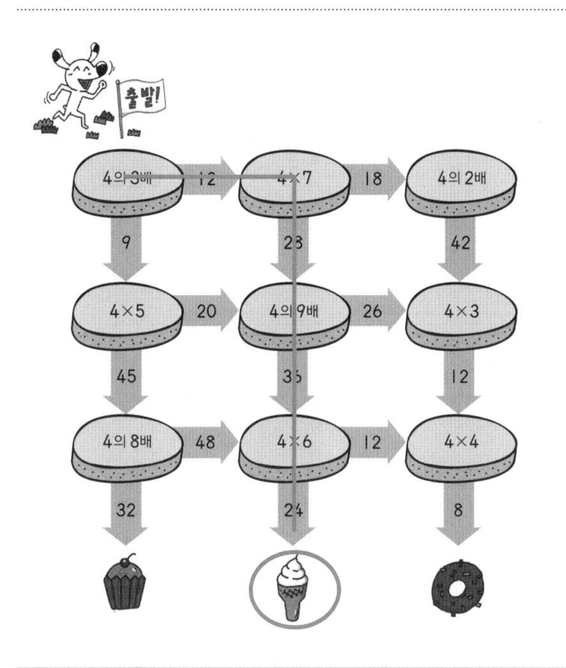


## 5의 단 >>

## 16단계 ▶▶ 44쪽

| 같은 수를 여러 번 더하기 | 곱셈식으로 나타내기 |
|---|---|
| 5 | 5 × 1 = 5 |
| 5+5=10 | 5 × 2 = 10 |
| 5+5+5=15 (10) | 5 × 3 = 15 |
| 5+5+5+5=20 (15) | 5 × 4 = 20 |
| 5+5+5+5+5=25 (20) | 5 × 5 = 25 |
| 5+5+5+5+5+5=30 | 5 × 6 = 30 |
| 5+5+5+5+5+5+5=35 | 5 × 7 = 35 |
| 5+5+5+5+5+5+5+5=40 | 5 × 8 = 40 |
| 5+5+5+5+5+5+5+5+5=45 | 5 × 9 = 45 |

## 16단계 ▶▶ 45쪽

① 5, 2, 10　② 5, 1, 5　③ 5×6=30

④ 5×7=35　⑤ 5×8=40　⑥ 5, 5, 5, 15

⑦ 5+5+5+5+5=25

⑧ 5+5+5+5=20

⑨ 5+5+5+5+5+5+5+5+5=45

## 17단계 ▶▶ 46쪽

| 곱셈 | 몇 배 | 곱셈식 |
|---|---|---|
| 5×1 | 5의 1 배 | 5×1=5 |
| 5×2 | 5의 2 배 | 5×2=10 |
| 5×3 | 5의 3 배 | 5×3=15 |
| 5×4 | 5의 4 배 | 5×4=20 |
| 5×5 | 5의 5 배 | 5×5=25 |
| 5×6 | 5의 6 배 | 5×6=30 |
| 5×7 | 5의 7 배 | 5×7=35 |
| 5×8 | 5의 8 배 | 5×8=40 |
| 5×9 | 5의 9배 | 5×9=45 |

## 17단계 ▶▶ 47쪽

① 2, 10　② 3, 15　③ 5, 25　④ 9, 45

## 18단계 ▶▶ 48쪽

| 5의 단 | 읽기 | 쓰기 |
|---|---|---|
| 5×1=5 | 오 일은 오 | 5×1=5 |
| 5×2=10 | 오 이 십 | 5×2=10 |
| 5×3=15 | 오 삼 십오 | 5×3=15 |
| 5×4=20 | 오 사 이십 | 5×4=20 |
| 5×5=25 | 오 오 이십오 | 5×5=25 |
| 5×6=30 | 오 육 삼십 | 5×6=30 |

정답

| | | |
|---|---|---|
| 5×7=35 | 오 칠 삼십오 | 5×7=35 |
| 5×8=40 | 오 팔 사십 | 5×8=40 |
| 5×9=45 | 오 구 사십오 | 5×9=45 |

### 18단계 ▸▸ 49쪽

① 5, 1, 5 ② 5×2=10 ③ 5×4=20
④ 5×7=35 ⑤ 5×9=45 ⑥ 십오
⑦ 이십오 ⑧ 삼십 ⑨ 사십

### 19단계 ▸▸ 50쪽

① 5 ② 10 ③ 15 ④ 20 ⑤ 25
⑥ 30 ⑦ 35 ⑧ 40 ⑨ 45 ⑩ 45
⑪ 40 ⑫ 35 ⑬ 30 ⑭ 25 ⑮ 20
⑯ 15 ⑰ 10 ⑱ 5

### 19단계 ▸▸ 51쪽

① 25 ② 35 ③ 10 ④ 5 ⑤ 30
⑥ 40 ⑦ 45 ⑧ 15 ⑨ 20 ⑩ 30
⑪ 45 ⑫ 40 ⑬ 35

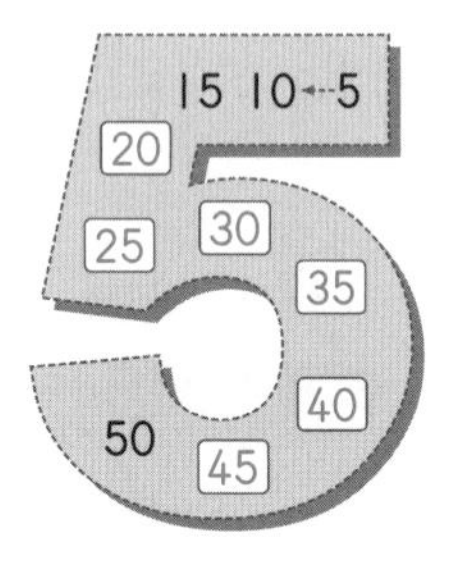


### 20단계 ▸▸ 52쪽

①

| × | 1 | 2 | 3 | 4 | 5 | 6 | 7 | 8 | 9 | 10 |
|---|---|---|---|---|---|---|---|---|---|---|
| 5 | 5 | 10 | 15 | 20 | 25 | 30 | 35 | 40 | 45 | 50 |

②

| × | 10 | 9 | 8 | 7 | 6 | 5 | 4 | 3 | 2 | 1 |
|---|---|---|---|---|---|---|---|---|---|---|
| 5 | 50 | 45 | 40 | 35 | 30 | 25 | 20 | 15 | 10 | 5 |

③

| × | 8 | 6 | 4 | 2 | 9 | 7 | 5 | 3 | 1 | 10 |
|---|---|---|---|---|---|---|---|---|---|---|
| 5 | 40 | 30 | 20 | 10 | 45 | 35 | 25 | 15 | 5 | 50 |

④

| × | 1 | 10 | 2 | 9 | 3 | 7 | 4 | 6 | 5 | 8 |
|---|---|---|---|---|---|---|---|---|---|---|
| 5 | 5 | 50 | 10 | 45 | 15 | 35 | 20 | 30 | 25 | 40 |

### 20단계 ▸▸ 53쪽

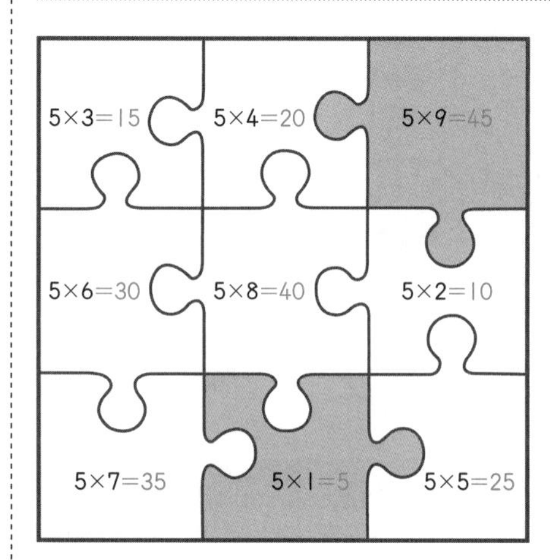


### 21단계 ▸▸ 54쪽

① 8 ② 10 ③ 12 ④ 6 ⑤ 20
⑥ 16 ⑦ 6 ⑧ 16 ⑨ 15 ⑩ 18
⑪ 21 ⑫ 28 ⑬ 24 ⑭ 36 ⑮ 30
⑯ 35 ⑰ 24 ⑱ 15

### 21단계 ▸▸ 55쪽

① 12 ② 9 ③ 18 ④ 15 ⑤ 25
⑥ 45 ⑦ 14 ⑧ 27 ⑨ 20 ⑩ 24
⑪ 28 ⑫ 32 ⑬ 35 ⑭ 27 ⑮ 24

### 22단계 ▸▸ 56쪽

① 12 ② 24 ③ 30 ④ 28 ⑤ 15
⑥ 45 ⑦ 16 ⑧ 14 ⑨ 18 ⑩ 12
⑪ 16 ⑫ 36 ⑬ 10 ⑭ 27 ⑮ 12
⑯ 32 ⑰ 21 ⑱ 40

## 22단계 ▸▸ 57쪽

① 25 ② 24 ③ 9 ④ 18 ⑤ 14
⑥ 20 ⑦ 15 ⑧ 8 ⑨ 30 ⑩ 27
⑪ 36 ⑫ 35 ⑬ 32 ⑭ 16 ⑮ 28

## 23단계 ▸▸ 58쪽

| 2단 | | 3단 | | 4단 | | 5단 | |
|---|---|---|---|---|---|---|---|
| 1 | 2 | 1 | 3 | 1 | 4 | 1 | 5 |
| 2 | 4 | 2 | 6 | 2 | 8 | 2 | 10 |
| 3 | 6 | 3 | 9 | 3 | 12 | 3 | 15 |
| 4 | 8 | 4 | 12 | 4 | 16 | 4 | 20 |
| 5 | 10 | 5 | 15 | 5 | 20 | 5 | 25 |
| 6 | 12 | 6 | 18 | 6 | 24 | 6 | 30 |
| 7 | 14 | 7 | 21 | 7 | 28 | 7 | 35 |
| 8 | 16 | 8 | 24 | 8 | 32 | 8 | 40 |
| 9 | 18 | 9 | 27 | 9 | 36 | 9 | 45 |

## 23단계 ▸▸ 59쪽

| 2단 | | 3단 | | 4단 | | 5단 | |
|---|---|---|---|---|---|---|---|
| 9 | 18 | 9 | 27 | 9 | 36 | 9 | 45 |
| 8 | 16 | 8 | 24 | 8 | 32 | 8 | 40 |
| 7 | 14 | 7 | 21 | 7 | 28 | 7 | 35 |
| 6 | 12 | 6 | 18 | 6 | 24 | 6 | 30 |
| 5 | 10 | 5 | 15 | 5 | 20 | 5 | 25 |
| 4 | 8 | 4 | 12 | 4 | 16 | 4 | 20 |
| 3 | 6 | 3 | 9 | 3 | 12 | 3 | 15 |
| 2 | 4 | 2 | 6 | 2 | 8 | 2 | 10 |
| 1 | 2 | 1 | 3 | 1 | 4 | 1 | 5 |

## 24단계 ▸▸ 60쪽

| × | 1 | 2 | 3 | 4 | 5 | 6 | 7 | 8 | 9 |
|---|---|---|---|---|---|---|---|---|---|
| 2 | ♥ 2 | ♥ 4 | ♥ 6 | ♥ 8 | ♥ 10 | ♥ 12 | ♥ 14 | ♥ 16 | ♥ 18 |
| 3 | | ♥ 6 | | ♥ 12 | | ♥ 18 | | ♥ 24 | |
| 4 | ♥ 4 | ♥ 8 | ♥ 12 | ♥ 16 | ♥ 20 | ♥ 24 | ♥ 28 | ♥ 32 | ♥ 36 |
| 5 | | ♥ 10 | | ♥ 20 | | ♥ 30 | | ♥ 40 | |

## 24단계 ▸▸ 61쪽

①

| × | 5 | 2 | 1 | 8 | 4 | 7 | 9 | 3 | 6 |
|---|---|---|---|---|---|---|---|---|---|
| 2 | 10 | 4 | 2 | 16 | 8 | 14 | 18 | 6 | 12 |

②

| × | 1 | 9 | 7 | 5 | 2 | 3 | 6 | 8 | 4 |
|---|---|---|---|---|---|---|---|---|---|
| 3 | 3 | 27 | 21 | 15 | 6 | 9 | 18 | 24 | 12 |

## 정답

③

| × | 4 | 5 | 3 | 9 | 7 | 1 | 2 | 6 | 8 |
|---|---|---|---|---|---|---|---|---|---|
| 4 | 16 | 20 | 12 | 36 | 28 | 4 | 8 | 24 | 32 |

④

| × | 3 | 5 | 7 | 9 | 1 | 2 | 4 | 6 | 8 |
|---|---|---|---|---|---|---|---|---|---|
| 5 | 15 | 25 | 35 | 45 | 5 | 10 | 20 | 30 | 40 |

### 25단계 ▸▸ 62쪽

| × | 1 | 2 | 3 | 4 | 5 | 6 | 7 | 8 | 9 | 10 |
|---|---|---|---|---|---|---|---|---|---|---|
| 2 | 2 | 4 | 6 | 8 | 10 | 12 | 14 | 16 | 18 | 20 |

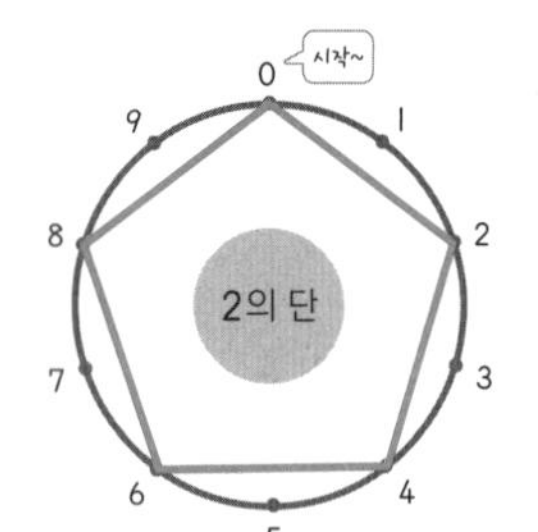


규칙 0, 2, 4, 6, 8, 0
오각형

### 25단계 ▸▸ 63쪽

| × | 1 | 2 | 3 | 4 | 5 | 6 | 7 | 8 | 9 | 10 |
|---|---|---|---|---|---|---|---|---|---|---|
| 3 | 3 | 6 | 9 | 12 | 15 | 18 | 21 | 24 | 27 | 30 |

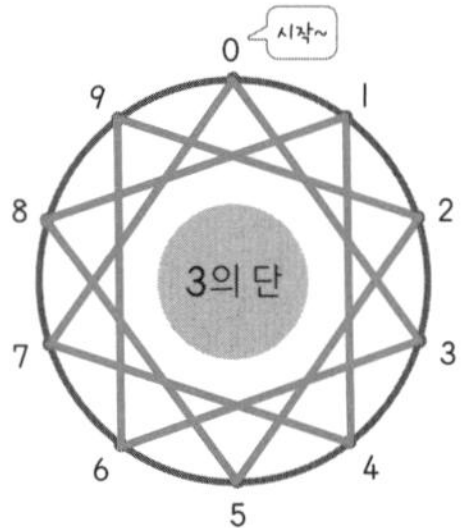


규칙 톱니바퀴

### 26단계 ▸▸ 64쪽

| × | 1 | 2 | 3 | 4 | 5 | 6 | 7 | 8 | 9 | 10 |
|---|---|---|---|---|---|---|---|---|---|---|
| 4 | 4 | 8 | 12 | 16 | 20 | 24 | 28 | 32 | 36 | 40 |

규칙 0, 4, 8, 2, 6, 0
별

### 26단계 ▸▸ 65쪽

| × | 1 | 2 | 3 | 4 | 5 | 6 | 7 | 8 | 9 | 10 |
|---|---|---|---|---|---|---|---|---|---|---|
| 5 | 5 | 10 | 15 | 20 | 25 | 30 | 35 | 40 | 45 | 50 |

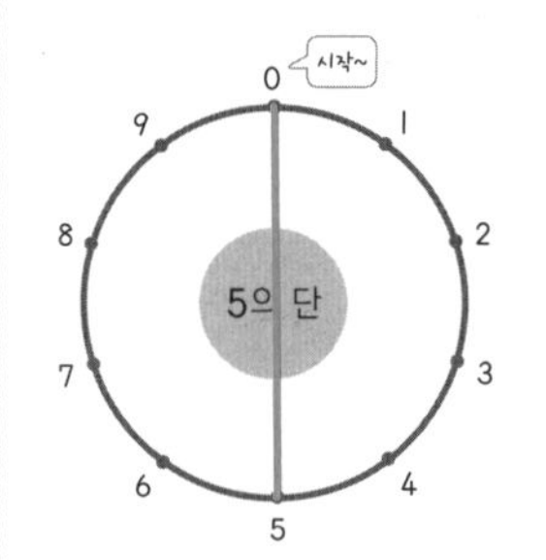


규칙 0, 5

## 6의 단 >>

### 27단계 ▸▸ 68쪽

| 덧셈 | 곱셈 |
|---|---|
| 6 | 6 × 1 = 6 |
| 6+6 | 6 × 2 = 12 |
| 6+6+6 (12) | 6 × 3 = 18 |
| 6+6+6+6 (18) | 6 × 4 = 24 |
| 6+6+6+6+6 (24) | 6 × 5 = 30 |
| 6+6+6+6+6+6 | 6 × 6 = 36 |
| 6+6+6+6+6+6+6 | 6 × 7 = 42 |
| 6+6+6+6+6+6+6+6 | 6 × 8 = 48 |
| 6+6+6+6+6+6+6+6+6 | 6 × 9 = 54 |

⊖ 정답

27단계 ▶▶ 69쪽

① 6, 3, 18 ② 6×4=24 ③ 6, 1, 6
④ 6×7=42 ⑤ 6×8=48 ⑥ 6, 6, 12
⑦ 6+6+6+6+6+6+6+6+6=54
⑧ 6+6+6+6+6=30
⑨ 6+6+6+6+6+6=36

28단계 ▶▶ 70쪽

| 곱셈 | 몇 배 | 곱셈식 |
|---|---|---|
| 6×1 | 6의 1 배 | 6×1=6 |
| 6×2 | 6의 2 배 | 6×2=12 |
| 6×3 | 6의 3 배 | 6×3=18 |
| 6×4 | 6의 4 배 | 6×4=24 |
| 6×5 | 6의 5 배 | 6×5=30 |
| 6×6 | 6의 6 배 | 6×6=36 |
| 6×7 | 6의 7 배 | 6×7=42 |
| 6×8 | 6 의 8 배 | 6×8=48 |
| 6×9 | 6 의 9 배 | 6×9=54 |

28단계 ▶▶ 71쪽

① 1, 1, 6 ② 4, 4, 24 ③ 7, 7, 42
④ 9, 9, 54

29단계 ▶▶ 72쪽

| 6의 단 | 읽기 | 쓰기 |
|---|---|---|
| 6×1=6 | 육 일은 육 | 6×1=6 |
| 6×2=12 | 육 이 십이 | 6×2=12 |
| 6×3=18 | 육 삼 십팔 | 6×3=18 |
| 6×4=24 | 육 사 이십사 | 6×4=24 |
| 6×5=30 | 육 오 삼십 | 6×5=30 |
| 6×6=36 | 육 육 삼십육 | 6×6=36 |
| 6×7=42 | 육 칠 사십이 | 6×7=42 |
| 6×8=48 | 육 팔 사십팔 | 6×8=48 |
| 6×9=54 | 육 구 오십사 | 6×9=54 |

29단계 ▶▶ 73쪽

① 6, 1, 6 ② 6×3=18 ③ 6×4=24
④ 6×8=48 ⑤ 6×7=42 ⑥ 십이
⑦ 삼십 ⑧ 삼십육 ⑨ 오십사

30단계 ▶▶ 74쪽

① 6 ② 12 ③ 18 ④ 24 ⑤ 30
⑥ 36 ⑦ 42 ⑧ 48 ⑨ 54 ⑩ 54
⑪ 48 ⑫ 42 ⑬ 36 ⑭ 30 ⑮ 24
⑯ 18 ⑰ 12 ⑱ 6

30단계 ▶▶ 75쪽

① 12 ② 6 ③ 24 ④ 54 ⑤ 30
⑥ 18 ⑦ 48 ⑧ 42 ⑨ 36 ⑩ 24
⑪ 42 ⑫ 54 ⑬ 48

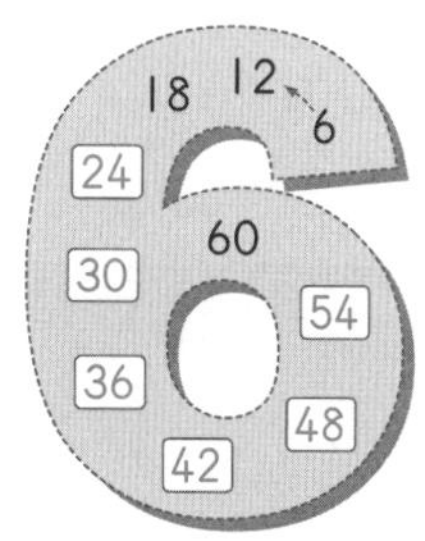

## 정답

### 31단계 ▸▸ 76쪽

①

| × | 1 | 2 | 3 | 4 | 5 | 6 | 7 | 8 | 9 | 10 |
|---|---|---|---|---|---|---|---|---|---|---|
| 6 | 6 | 12 | 18 | 24 | 30 | 36 | 42 | 48 | 54 | 60 |

②

| × | 10 | 9 | 8 | 7 | 6 | 5 | 4 | 3 | 2 | 1 |
|---|---|---|---|---|---|---|---|---|---|---|
| 6 | 60 | 54 | 48 | 42 | 36 | 30 | 24 | 18 | 12 | 6 |

③

| × | 6 | 5 | 2 | 8 | 4 | 1 | 3 | 9 | 7 | 10 |
|---|---|---|---|---|---|---|---|---|---|---|
| 6 | 36 | 30 | 12 | 48 | 24 | 6 | 18 | 54 | 42 | 60 |

④

| × | 3 | 5 | 10 | 1 | 2 | 8 | 9 | 7 | 6 | 4 |
|---|---|---|---|---|---|---|---|---|---|---|
| 6 | 18 | 30 | 60 | 6 | 12 | 48 | 54 | 42 | 36 | 24 |

### 31단계 ▸▸ 77쪽

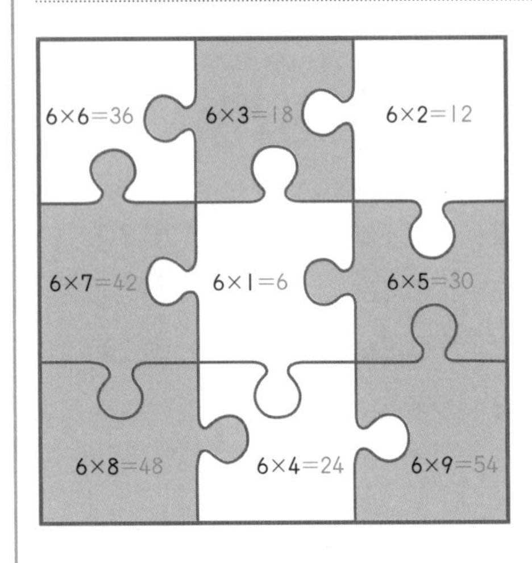


## 7의 단 >>

### 32단계 ▸▸ 78쪽

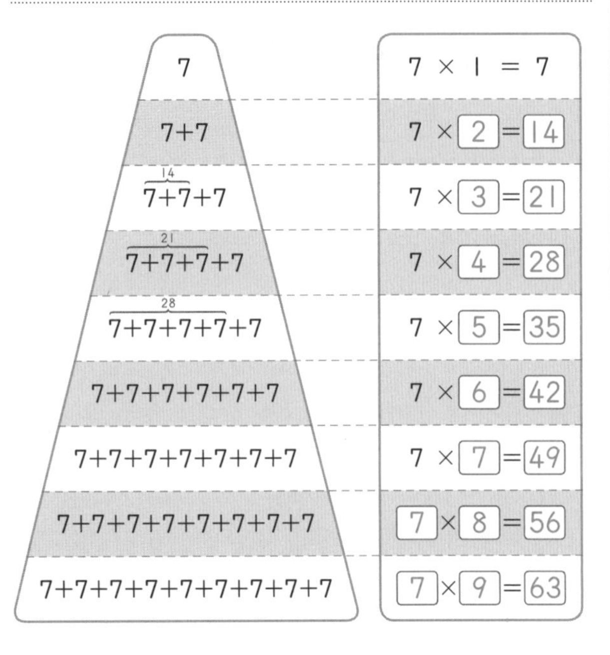


### 32단계 ▸▸ 79쪽

① 7, 4, 28 ② 7×3=21 ③ 7×5=35

④ 7×9=63 ⑤ 7, 1, 7 ⑥ 7, 7, 14

⑦ 7+7+7+7+7+7=42

⑧ 7+7+7+7+7+7+7=49

⑨ 7+7+7+7+7+7+7+7=56

### 33단계 ▸▸ 80쪽

| 곱셈 | 몇 배 | 곱셈식 |
|---|---|---|
| 7×1 | 7의 1 배 | 7×1=7 |
| 7×2 | 7의 2 배 | 7×2=14 |
| 7×3 | 7의 3 배 | 7×3=21 |
| 7×4 | 7의 4 배 | 7×4=28 |
| 7×5 | 7의 5 배 | 7×5=35 |
| 7×6 | 7의 6 배 | 7×6=42 |

| | | |
|---|---|---|
| 7×7 | 7의 7배 | 7×7=49 |
| 7×8 | 7의 8배 | 7×8=56 |
| 7×9 | 7의 9배 | 7×9=63 |

## 33단계 ▸▸ 81쪽

① 1, 1, 7 ② 3, 3, 21 ③ 5, 5, 35
④ 2, 2, 14 ⑤ 6, 6, 42

## 34단계 ▸▸ 82쪽

| 7의 단 | 읽기 | 쓰기 |
|---|---|---|
| 7×1=7 | 칠 일은 칠 | 7×1=7 |
| 7×2=14 | 칠 이 십사 | 7×2=14 |
| 7×3=21 | 칠 삼 이십일 | 7×3=21 |
| 7×4=28 | 칠 사 이십팔 | 7×4=28 |
| 7×5=35 | 칠 오 삼십오 | 7×5=35 |
| 7×6=42 | 칠 육 사십이 | 7×6=42 |
| 7×7=49 | 칠 칠 사십구 | 7×7=49 |
| 7×8=56 | 칠 팔 오십육 | 7×8=56 |
| 7×9=63 | 칠 구 육십삼 | 7×9=63 |

## 34단계 ▸▸ 83쪽

① 7, 5, 35 ② 7×1=7 ③ 7×9=63
④ 7×6=42 ⑤ 7×4=28 ⑥ 십사
⑦ 이십일 ⑧ 사십구 ⑨ 오십육

## 35단계 ▸▸ 84쪽

① 7 ② 14 ③ 21 ④ 28 ⑤ 35
⑥ 42 ⑦ 49 ⑧ 56 ⑨ 63 ⑩ 63
⑪ 56 ⑫ 49 ⑬ 42 ⑭ 35 ⑮ 28
⑯ 21 ⑰ 14 ⑱ 7

## 35단계 ▸▸ 85쪽

① 7 ② 21 ③ 35
④ 49 ⑤ 14 ⑥ 63
⑦ 42 ⑧ 28 ⑨ 56
⑩ 56 ⑪ 28 ⑫ 42
⑬ 63

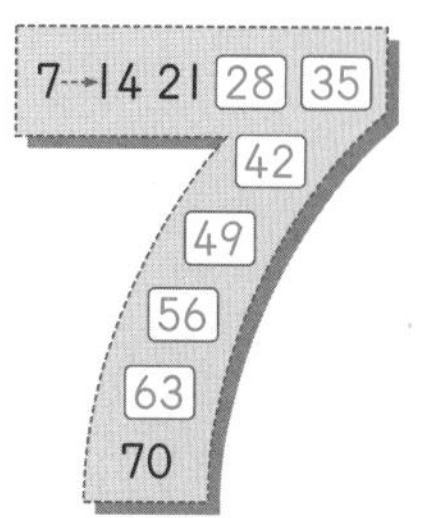


## 36단계 ▸▸ 86쪽

①

| × | 1 | 2 | 3 | 4 | 5 | 6 | 7 | 8 | 9 | 10 |
|---|---|---|---|---|---|---|---|---|---|---|
| 7 | 7 | 14 | 21 | 28 | 35 | 42 | 49 | 56 | 63 | 70 |

②

| × | 10 | 9 | 8 | 7 | 6 | 5 | 4 | 3 | 2 | 1 |
|---|---|---|---|---|---|---|---|---|---|---|
| 7 | 70 | 63 | 56 | 49 | 42 | 35 | 28 | 21 | 14 | 7 |

③

| × | 2 | 6 | 8 | 5 | 3 | 9 | 4 | 1 | 7 | 10 |
|---|---|---|---|---|---|---|---|---|---|---|
| 7 | 14 | 42 | 56 | 35 | 21 | 63 | 28 | 7 | 49 | 70 |

④

| × | 6 | 5 | 2 | 10 | 1 | 3 | 9 | 8 | 4 | 7 |
|---|---|---|---|---|---|---|---|---|---|---|
| 7 | 42 | 35 | 14 | 70 | 7 | 21 | 63 | 56 | 28 | 49 |

## 36단계 ▸▸ 87쪽

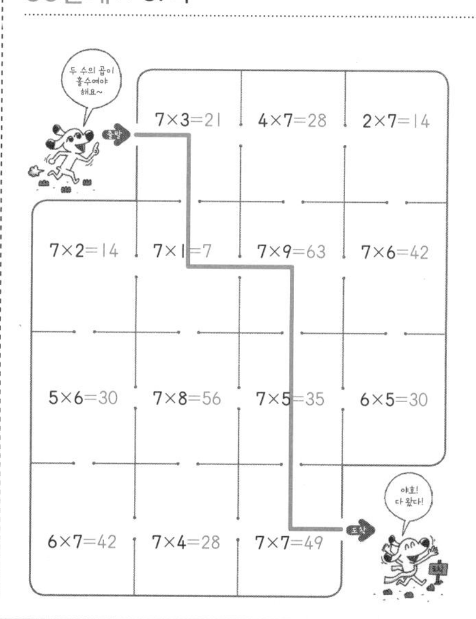

## 정답

### 8의 단 >>

#### 37단계 ▸▸ 88쪽

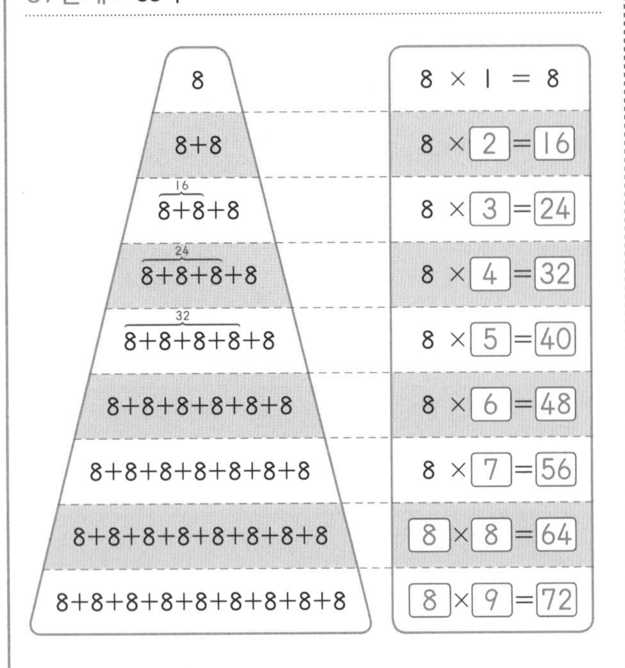


#### 37단계 ▸▸ 89쪽

① 8, 3, 24 ② 8×2=16 ③ 8×5=40
④ 8×8=64 ⑤ 8, 1, 8 ⑥ 8, 8, 8, 8, 32
⑦ 8+8+8+8+8+8+8=56
⑧ 8+8+8+8+8+8+8+8+8=72
⑨ 8+8+8+8+8+8=48

#### 38단계 ▸▸ 90쪽

| 곱셈 | 몇 배 | 곱셈식 |
|---|---|---|
| 8×1 | 8의 1 배 | 8×1=8 |
| 8×2 | 8의 2 배 | 8×2=16 |
| 8×3 | 8의 3 배 | 8×3=24 |
| 8×4 | 8의 4 배 | 8×4=32 |
| 8×5 | 8의 5 배 | 8×5=40 |
| 8×6 | 8의 6 배 | 8×6=48 |
| 8×7 | 8의 7 배 | 8×7=56 |
| 8×8 | 8 의 8 배 | 8×8=64 |
| 8×9 | 8의 9배 | 8×9=72 |

#### 38단계 ▸▸ 91쪽

① 2, 16 ② 4, 32 ③ 7, 56 ④ 9, 72

#### 39단계 ▸▸ 92쪽

| 8의 단 | 읽기 | 쓰기 |
|---|---|---|
| 8×1=8 | 팔 일은 팔 | 8×1=8 |
| 8×2=16 | 팔 이 십육 | 8×2=16 |
| 8×3=24 | 팔 삼 이십사 | 8×3=24 |
| 8×4=32 | 팔 사 삼십이 | 8×4=32 |
| 8×5=40 | 팔 오 사십 | 8×5=40 |
| 8×6=48 | 팔 육 사십팔 | 8×6=48 |
| 8×7=56 | 팔 칠 오십육 | 8×7=56 |
| 8×8=64 | 팔 팔 육십사 | 8×8=64 |
| 8×9=72 | 팔 구 칠십이 | 8×9=72 |

#### 39단계 ▸▸ 93쪽

① 8, 6, 48 ② 8×2=16 ③ 8×8=64
④ 8×7=56 ⑤ 8×3=24 ⑥ 팔
⑦ 삼십이 ⑧ 사십 ⑨ 칠십이

#### 40단계 ▸▸ 94쪽

① 8 ② 16 ③ 24 ④ 32 ⑤ 40
⑥ 48 ⑦ 56 ⑧ 64 ⑨ 72 ⑩ 72
⑪ 64 ⑫ 56 ⑬ 48 ⑭ 40 ⑮ 32
⑯ 24 ⑰ 16 ⑱ 8

## 40단계 ▸▸ 95쪽

① 16 ② 8 ③ 32
④ 56 ⑤ 48 ⑥ 64
⑦ 24 ⑧ 40 ⑨ 72
⑩ 48 ⑪ 32 ⑫ 56
⑬ 72

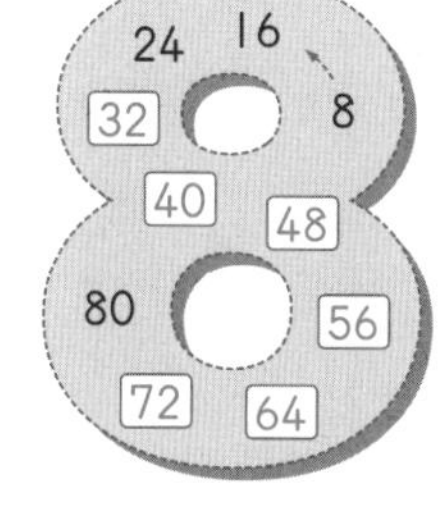


## 41단계 ▸▸ 96쪽

①

| × | 1 | 2 | 3 | 4 | 5 | 6 | 7 | 8 | 9 | 10 |
|---|---|---|---|---|---|---|---|---|---|---|
| 8 | 8 | 16 | 24 | 32 | 40 | 48 | 56 | 64 | 72 | 80 |

②

| × | 10 | 9 | 8 | 7 | 6 | 5 | 4 | 3 | 2 | 1 |
|---|---|---|---|---|---|---|---|---|---|---|
| 8 | 80 | 72 | 64 | 56 | 48 | 40 | 32 | 24 | 16 | 8 |

③

| × | 5 | 7 | 9 | 1 | 3 | 2 | 4 | 6 | 8 | 10 |
|---|---|---|---|---|---|---|---|---|---|---|
| 8 | 40 | 56 | 72 | 8 | 24 | 16 | 32 | 48 | 64 | 80 |

④

| × | 4 | 7 | 9 | 5 | 1 | 3 | 8 | 10 | 2 | 6 |
|---|---|---|---|---|---|---|---|---|---|---|
| 8 | 32 | 56 | 72 | 40 | 8 | 24 | 64 | 80 | 16 | 48 |

## 41단계 ▸▸ 97쪽

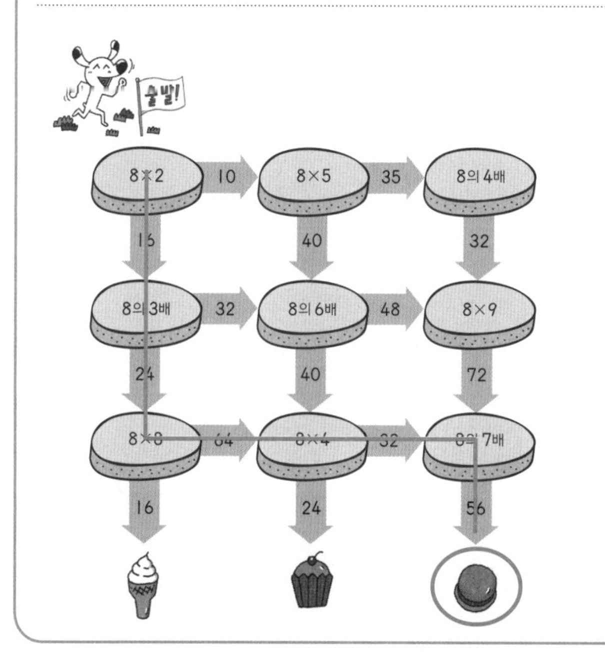


## 9의 단 >>

## 42단계 ▸▸ 98쪽

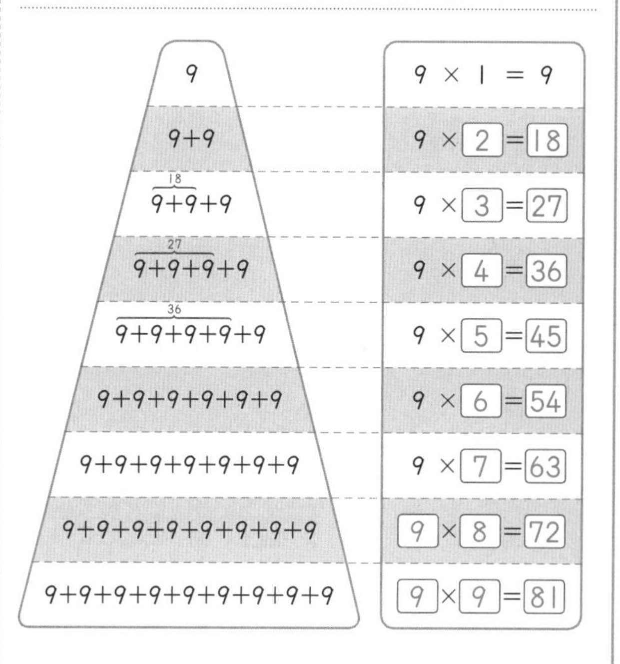


## 42단계 ▸▸ 99쪽

① 9, 2, 18 ② 9, 1, 9 ③ 9×8=72
④ 9×6=54 ⑤ 9×4=36 ⑥ 9, 9, 9, 27
⑦ 9+9+9+9+9+9+9=63
⑧ 9+9+9+9+9=45
⑨ 9+9+9+9+9+9+9+9+9=81

## 43단계 ▸▸ 100쪽

| 곱셈 | 몇 배 | 곱셈식 |
|---|---|---|
| 9×1 | 9의 1 배 | 9×1=9 |
| 9×2 | 9의 2 배 | 9×2=18 |
| 9×3 | 9의 3 배 | 9×3=27 |
| 9×4 | 9의 4 배 | 9×4=36 |
| 9×5 | 9의 5 배 | 9×5=45 |
| 9×6 | 9의 6 배 | 9×6=54 |

## 정답

| | | |
|---|---|---|
| 9×7 | 9의 7 배 | 9×7=63 |
| 9×8 | 9 의 8 배 | 9×8=72 |
| 9×9 | 9의 9배 | 9×9=81 |

### 43단계 ▸▸ 101쪽

① 4, 36　② 5, 45　③ 3, 27　④ 8, 72

### 44단계 ▸▸ 102쪽

| 9의 단 | 읽기 | 쓰기 |
|---|---|---|
| 9×1=9 | 구 일은 구 | 9×1=9 |
| 9×2=18 | 구 이 십팔 | 9×2=18 |
| 9×3=27 | 구 삼 이십칠 | 9×3=27 |
| 9×4=36 | 구 사 삼십육 | 9×4=36 |
| 9×5=45 | 구 오 사십오 | 9×5=45 |
| 9×6=54 | 구 육 오십사 | 9×6=54 |
| 9×7=63 | 구 칠 육십삼 | 9×7=63 |
| 9×8=72 | 구 팔 칠십이 | 9×8=72 |
| 9×9=81 | 구 구 팔십일 | 9×9=81 |

### 44단계 ▸▸ 103쪽

① 9, 1, 9　② 9×2=18　③ 9×7=63
④ 9×4=36　⑤ 9×5=45　⑥ 이십칠
⑦ 오십사　⑧ 칠십이　⑨ 팔십일

### 45단계 ▸▸ 104쪽

① 9　② 18　③ 27　④ 36　⑤ 45
⑥ 54　⑦ 63　⑧ 72　⑨ 81　⑩ 81
⑪ 72　⑫ 63　⑬ 54　⑭ 45　⑮ 36
⑯ 27　⑰ 18　⑱ 9

### 45단계 ▸▸ 105쪽

① 18　② 9　③ 63
④ 36　⑤ 54　⑥ 27
⑦ 45　⑧ 81　⑨ 72
⑩ 63　⑪ 45　⑫ 54
⑬ 72

27 18 9 36 45 54 63 72 90 81

### 46단계 ▸▸ 106쪽

①

| × | 1 | 2 | 3 | 4 | 5 | 6 | 7 | 8 | 9 | 10 |
|---|---|---|---|---|---|---|---|---|---|---|
| 9 | 9 | 18 | 27 | 36 | 45 | 54 | 63 | 72 | 81 | 90 |

②

| × | 10 | 9 | 8 | 7 | 6 | 5 | 4 | 3 | 2 | 1 |
|---|---|---|---|---|---|---|---|---|---|---|
| 9 | 90 | 81 | 72 | 63 | 54 | 45 | 36 | 27 | 18 | 9 |

③

| × | 3 | 5 | 6 | 8 | 9 | 1 | 4 | 2 | 7 | 10 |
|---|---|---|---|---|---|---|---|---|---|---|
| 9 | 27 | 45 | 54 | 72 | 81 | 9 | 36 | 18 | 63 | 90 |

④

| × | 1 | 10 | 2 | 9 | 3 | 7 | 8 | 6 | 5 | 4 |
|---|---|---|---|---|---|---|---|---|---|---|
| 9 | 9 | 90 | 18 | 81 | 27 | 63 | 72 | 54 | 45 | 36 |

### 46단계 ▸▸ 107쪽

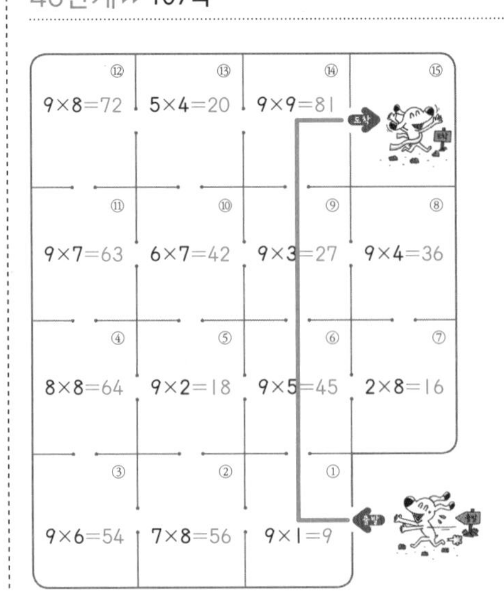

## 1의 단 >>

### 47단계 ▸▸ 108쪽

| 같은 수를 여러 번 더하기 | 1의 단 |
|---|---|
| 1 | 1×1=1 |
| 1+1=2 | 1×2=2 |
| 1+1+1=3 | 1×3=3 |
| 1+1+1+1=4 | 1×4=4 |
| 1+1+1+1+1=5 | 1×5=5 |
| 1+1+1+1+1+1=6 | 1×6=6 |
| 1+1+1+1+1+1+1=7 | 1×7=7 |
| 1+1+1+1+1+1+1+1=8 | 1×8=8 |
| 1+1+1+1+1+1+1+1+1=9 | 1×9=9 |

### 47단계 ▸▸ 109쪽

① 1, 2, 2 ② 1, 4, 4 ③ 1, 8, 8
④ 6, 6 ⑤ 9, 9 ⑥ 4
⑦ 3 ⑧ 7 ⑨ 5

## 10의 단 >>

### 48단계 ▸▸ 110쪽

| 같은 수를 여러 번 더하기 | 10의 단 |
|---|---|
| 10 | 10×1=10 |
| 10+10 | 10×2=20 |
| 10+10+10 | 10×3=30 |
| 10+10+10+10 | 10×4=40 |
| 10+10+10+10+10 | 10×5=50 |
| 10+10+10+10+10+10 | 10×6=60 |
| 10+10+10+10+10+10+10 | 10×7=70 |
| 10+10+10+10+10+10+10+10 | 10×8=80 |
| 10+10+10+10+10+10+10+10+10 | 10×9=90 |

### 48단계 ▸▸ 111쪽

① 10, 2, 20 ② 10, 4, 40 ③ 10, 6, 60
④ 5, 50 ⑤ 8, 80 ⑥ 10
⑦ 30 ⑧ 70 ⑨ 90

## 0의 단 >>

### 49단계 ▸▸ 112쪽

| 빈 접시의 개수 | 딸기의 개수(0의 단) |
|---|---|
| | 0×1=0 |
| | 0×2=0 |
| | 0×3=0 |
| | 0×4=0 |
| | 0×5=0 |
| | 0×6=0 |
| | 0×7=0 |
| | 0×8=0 |
| | 0×9=0 |

### 49단계 ▸▸ 113쪽

① 0, 1, 0 ② 0, 2, 0 ③ 0, 5, 0
④ 3, 0 ⑤ 8, 0 ⑥ 0
⑦ 0 ⑧ 0 ⑨ 0

## 정답

### 50단계 ▸▸ 114쪽

① 0 ② 2 ③ 0 ④ 9 ⑤ 5
⑥ 1 ⑦ 0 ⑧ 20 ⑨ 90 ⑩ 0
⑪ 4 ⑫ 60 ⑬ 70 ⑭ 50 ⑮ 8
⑯ 0 ⑰ 30 ⑱ 40

### 50단계 ▸▸ 115쪽

① 30 ② 90 ③ 9 ④ 0 ⑤ 6
⑥ 10 ⑦ 80 ⑧ 0 ⑨ 0 ⑩ 50
⑪ 4 ⑫ 3 ⑬ 0 ⑭ 20 ⑮ 7
⑯ 5 ⑰ 40 ⑱ 0

### 51단계 ▸▸ 116쪽

①

| × | 1 | 2 | 3 | 4 | 5 | 6 | 7 | 8 | 9 |
|---|---|---|---|---|---|---|---|---|---|
| 1 | 1 | 2 | 3 | 4 | 5 | 6 | 7 | 8 | 9 |

②

| × | 1 | 2 | 3 | 4 | 5 | 6 | 7 | 8 | 9 |
|---|---|---|---|---|---|---|---|---|---|
| 10 | 10 | 20 | 30 | 40 | 50 | 60 | 70 | 80 | 90 |

③

| × | 3 | 2 | 1 | 4 | 7 | 6 | 9 | 8 | 5 |
|---|---|---|---|---|---|---|---|---|---|
| 10 | 30 | 20 | 10 | 40 | 70 | 60 | 90 | 80 | 50 |
| 0 | 0 | 0 | 0 | 0 | 0 | 0 | 0 | 0 | 0 |
| 1 | 3 | 2 | 1 | 4 | 7 | 6 | 9 | 8 | 5 |

### 51단계 ▸▸ 117쪽

① 4 ② 10

### 52단계 ▸▸ 118쪽

① 12 ② 28 ③ 24 ④ 36 ⑤ 50
⑥ 0 ⑦ 40 ⑧ 42 ⑨ 36 ⑩ 18
⑪ 49 ⑫ 45 ⑬ 72 ⑭ 35 ⑮ 48
⑯ 56 ⑰ 60 ⑱ 48

### 52단계 ▸▸ 119쪽

① 63 ② 72 ③ 27 ④ 30 ⑤ 63
⑥ 0 ⑦ 64 ⑧ 56 ⑨ 81 ⑩ 54
⑪ 48 ⑫ 54 ⑬ 42 ⑭ 56 ⑮ 80

### 53단계 ▸▸ 120쪽

① 45 ② 72 ③ 24 ④ 56 ⑤ 54
⑥ 54 ⑦ 40 ⑧ 42 ⑨ 18 ⑩ 0
⑪ 49 ⑫ 80 ⑬ 81 ⑭ 64 ⑮ 21
⑯ 42 ⑰ 56 ⑱ 24

### 53단계 ▸▸ 121쪽

① 42 ② 30 ③ 36 ④ 48 ⑤ 30
⑥ 63 ⑦ 0 ⑧ 40 ⑨ 27 ⑩ 28
⑪ 56 ⑫ 56 ⑬ 72 ⑭ 63 ⑮ 90

### 54단계 ▸▸ 122쪽

| 6단 | | 7단 | | 8단 | | 9단 | |
|---|---|---|---|---|---|---|---|
| 1 | 6 | 1 | 7 | 1 | 8 | 1 | 9 |
| 2 | 12 | 2 | 14 | 2 | 16 | 2 | 18 |
| 3 | 18 | 3 | 21 | 3 | 24 | 3 | 27 |
| 4 | 24 | 4 | 28 | 4 | 32 | 4 | 36 |
| 5 | 30 | 5 | 35 | 5 | 40 | 5 | 45 |
| 6 | 36 | 6 | 42 | 6 | 48 | 6 | 54 |
| 7 | 42 | 7 | 49 | 7 | 56 | 7 | 63 |
| 8 | 48 | 8 | 56 | 8 | 64 | 8 | 72 |
| 9 | 54 | 9 | 63 | 9 | 72 | 9 | 81 |

## 54단계 ▶▶ 123쪽

| 6단 | | 7단 | | 8단 | | 9단 | |
|---|---|---|---|---|---|---|---|
| 9 | 54 | 9 | 63 | 9 | 72 | 9 | 81 |
| 8 | 48 | 8 | 56 | 8 | 64 | 8 | 72 |
| 7 | 42 | 7 | 49 | 7 | 56 | 7 | 63 |
| 6 | 36 | 6 | 42 | 6 | 48 | 6 | 54 |
| 5 | 30 | 5 | 35 | 5 | 40 | 5 | 45 |
| 4 | 24 | 4 | 28 | 4 | 32 | 4 | 36 |
| 3 | 18 | 3 | 21 | 3 | 24 | 3 | 27 |
| 2 | 12 | 2 | 14 | 2 | 16 | 2 | 18 |
| 1 | 6 | 1 | 7 | 1 | 8 | 1 | 9 |

## 55단계 ▶▶ 124쪽

| × | 1 | 2 | 3 | 4 | 5 | 6 | 7 | 8 | 9 |
|---|---|---|---|---|---|---|---|---|---|
| 6 | | | | | | | ★ 42 | ★ 48 | ★ 54 |
| 7 | | | | ★ 28 | ★ 35 | ★ 42 | | ★ 56 | ★ 63 |
| 8 | | | ★ 24 | ★ 32 | | | ★ 56 | | ★ 72 |
| 9 | | | ★ 27 | ★ 36 | | ★ 54 | ★ 63 | ★ 72 | |

## 55단계 ▶▶ 125쪽

①

| × | 2 | 5 | 8 | 1 | 4 | 3 | 6 | 7 | 9 |
|---|---|---|---|---|---|---|---|---|---|
| 6 | 12 | 30 | 48 | 6 | 24 | 18 | 36 | 42 | 54 |

②

| × | 1 | 7 | 9 | 2 | 5 | 6 | 3 | 4 | 8 |
|---|---|---|---|---|---|---|---|---|---|
| 7 | 7 | 49 | 63 | 14 | 35 | 42 | 21 | 28 | 56 |

③

| × | 5 | 6 | 1 | 8 | 7 | 2 | 3 | 9 | 4 |
|---|---|---|---|---|---|---|---|---|---|
| 8 | 40 | 48 | 8 | 64 | 56 | 16 | 24 | 72 | 32 |

④

| × | 2 | 9 | 3 | 1 | 8 | 4 | 7 | 5 | 6 |
|---|---|---|---|---|---|---|---|---|---|
| 9 | 18 | 81 | 27 | 9 | 72 | 36 | 63 | 45 | 54 |

## 56단계 ▶▶ 126쪽

| × | 1 | 2 | 3 | 4 | 5 | 6 | 7 | 8 | 9 | 10 |
|---|---|---|---|---|---|---|---|---|---|---|
| 6 | 6 | 12 | 18 | 24 | 30 | 36 | 42 | 48 | 54 | 60 |

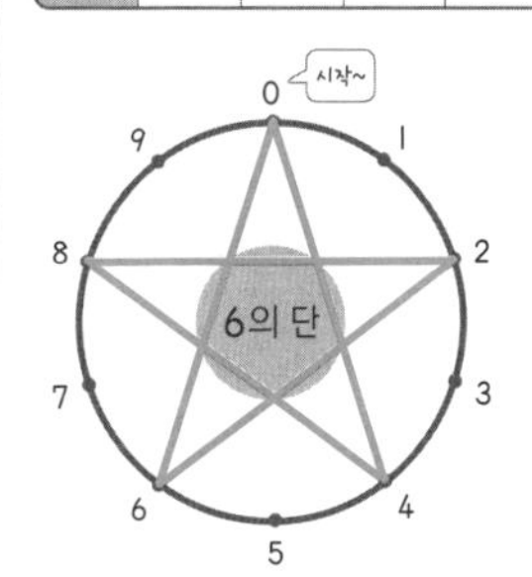


규칙 0, 6, 2, 8, 4, 0
별

## 56단계 ▶▶ 127쪽

| × | 1 | 2 | 3 | 4 | 5 | 6 | 7 | 8 | 9 | 10 |
|---|---|---|---|---|---|---|---|---|---|---|
| 7 | 7 | 14 | 21 | 28 | 35 | 42 | 49 | 56 | 63 | 70 |

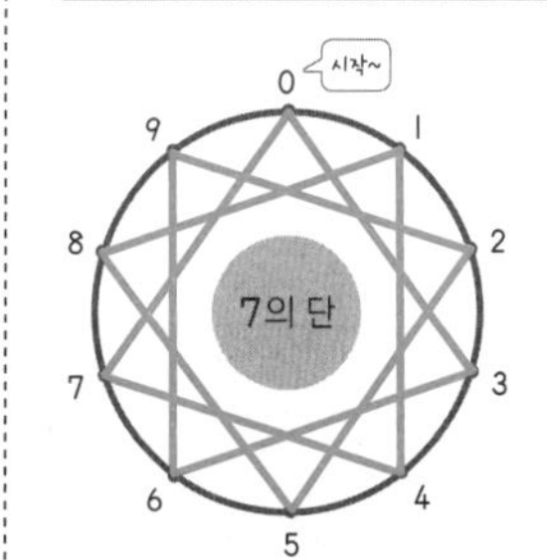


규칙 톱니바퀴

## 정답

### 57단계 ▸▸ 128쪽

| × | 1 | 2 | 3 | 4 | 5 | 6 | 7 | 8 | 9 | 10 |
|---|---|---|---|---|---|---|---|---|---|---|
| 8 | 8 | 16 | 24 | 32 | 40 | 48 | 56 | 64 | 72 | 80 |

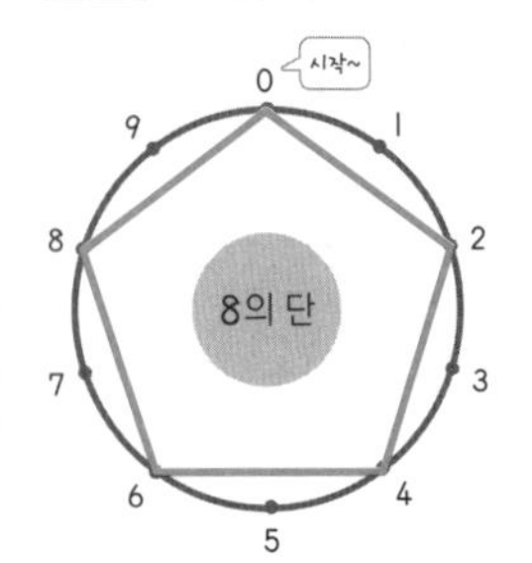


규칙 0, 8, 6, 4, 2, 0
오각형

### 57단계 ▸▸ 129쪽

| × | 1 | 2 | 3 | 4 | 5 | 6 | 7 | 8 | 9 | 10 |
|---|---|---|---|---|---|---|---|---|---|---|
| 9 | 9 | 18 | 27 | 36 | 45 | 54 | 63 | 72 | 81 | 90 |

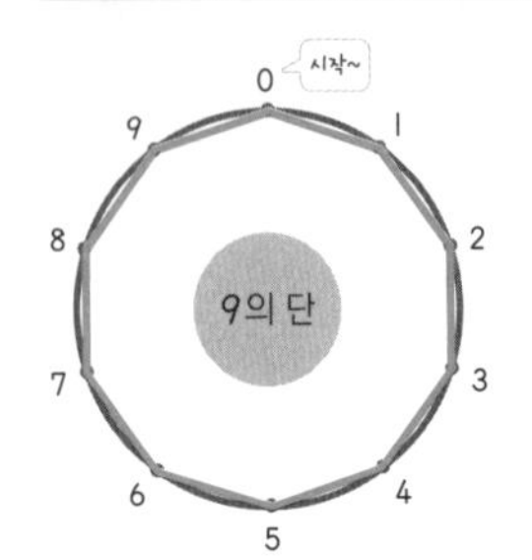


규칙 0, 9, 8, 7, 6, 5, 4, 3, 2, 1, 0

### 58단계 ▸▸ 132쪽

① 2  ② 2  ③ 5  ④ 5

### 58단계 ▸▸ 133쪽

① ㉮ 3, 6, 9, 12, 15, 18, 21, 24, 27
㉯ 6, 12, 18, 24, 30, 36, 42, 48, 54
㉰ 9, 18, 27, 36, 45, 54, 63, 72, 81

② 3, 6  ③ 9, 9

### 59단계 ▸▸ 134쪽

① 4, 4, 5, 5  ② 7, 7, 9, 9  ③ 같습니다

### 59단계 ▸▸ 135쪽

① 1  ② 4  ③ 9  ④ 16  ⑤ 25
⑥ 36  ⑦ 49  ⑧ 64  ⑨ 81

### 60단계 ▸▸ 136쪽

| × | 1 | 2 | 3 | 4 | 5 | 6 | 7 | 8 | 9 |
|---|---|---|---|---|---|---|---|---|---|
| 1 | 1 | 2 | 3 | 4 | 5 | 6 | 7 | 8 | 9 |
| 2 | 2 | 4 | 6 | 8 | 10 | 12 | 14 | 16 | 18 |
| 3 | 3 | 6 | 9 | 12 | 15 | 18 | 21 | 24 | 27 |
| 4 | 4 | 8 | 12 | 16 | 20 | 24 | 28 | 32 | 36 |
| 5 | 5 | 10 | 15 | 20 | 25 | 30 | 35 | 40 | 45 |
| 6 | 6 | 12 | 18 | 24 | 30 | 36 | 42 | 48 | 54 |
| 7 | 7 | 14 | 21 | 28 | 35 | 42 | 49 | 56 | 63 |
| 8 | 8 | 16 | 24 | 32 | 40 | 48 | 56 | 64 | 72 |
| 9 | 9 | 18 | 27 | 36 | 45 | 54 | 63 | 72 | 81 |

① 3  ② 5  ③ 같습니다

### 60단계 ▸▸ 137쪽

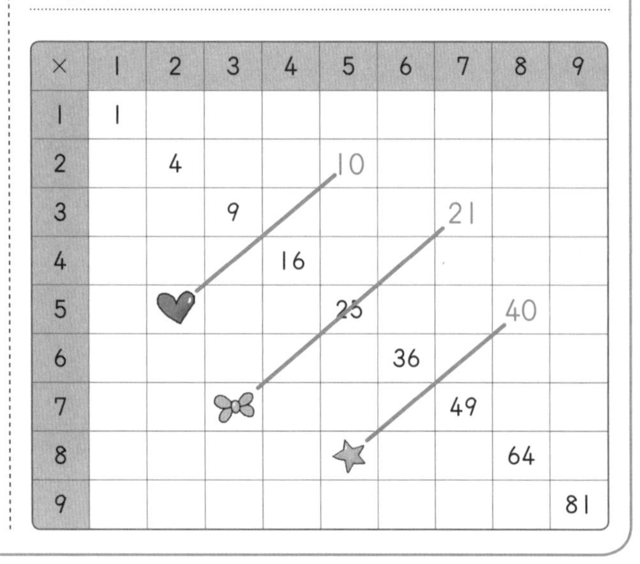

| × | 1 | 2 | 3 | 4 | 5 | 6 | 7 | 8 | 9 |
|---|---|---|---|---|---|---|---|---|---|
| 1 | 1 | | | | | | | | |
| 2 | | 4 | | | 10 | | | | |
| 3 | | | 9 | | | | 21 | | |
| 4 | | | | 16 | | | | | |
| 5 | | | | | 25 | | | 40 | |
| 6 | | | | | | 36 | | | |
| 7 | | | | | | | 49 | | |
| 8 | | | | | | | | 64 | |
| 9 | | | | | | | | | 81 |

61단계 ▸▸ 138쪽

❶ 1×2=2
❷ 3×5=15
❸ 6×3=18
❹ 4×8=32
❺ 3×8=24
❻ 5×2=10
❼ 8×9=72
❽ 7×5=35
❾ 2×7=14

8×3=24
5×3=15
9×8=72
3×6=18
2×1=2
7×2=14
5×7=35
2×5=10
8×4=32

61단계 ▸▸ 139쪽

❶ 2×9=18
❷ 1×7=7
❸ 3×7=21
❹ 4×8=32
❺ 0×1=0
❻ 7×9=63
❼ 9×3=27
❽ 8×5=40
❾ 2×6=12

7×1=7
9×7=63
9×2=18
7×3=21
1×0=0
5×8=40
8×4=32
6×2=12
3×9=27

62단계 ▸▸ 140쪽

| 2의 단 |
|---|
| 2×1=2 |
| 2×2=4 |
| 2×3=6 |
| 2×4=8 |
| 2×5=10 |
| 2×6=12 |
| 2×7=14 |
| 2×8=16 |
| 2×9=18 |

| 5의 단 |
|---|
| 5×1=5 |
| 5×2=10 |
| 5×3=15 |
| 5×4=20 |
| 5×5=25 |
| 5×6=30 |
| 5×7=35 |
| 5×8=40 |
| 5×9=45 |

62단계 ▸▸ 141쪽

① 5 ② 7 ③ 8 ④ 8 ⑤ 8
⑥ 9 ⑦ 8 ⑧ 6 ⑨ 8 ⑩ 6
⑪ 9 ⑫ 7 ⑬ 6 ⑭ 5 ⑮ 7
⑯ 9 ⑰ 8 ⑱ 9

63단계 ▸▸ 142쪽

| 3의 단 |
|---|
| 3×1=3 |
| 3×2=6 |
| 3×3=9 |
| 3×4=12 |

| 9의 단 |
|---|
| 9×1=9 |
| 9×2=18 |
| 9×3=27 |
| 9×4=36 |

| $\boxed{3}\times5=15$ |
| --- |
| $\boxed{3}\times6=18$ |
| $\boxed{3}\times7=21$ |
| $\boxed{3}\times8=24$ |
| $\boxed{3}\times9=27$ |

| $\boxed{9}\times5=45$ |
| --- |
| $\boxed{9}\times6=54$ |
| $\boxed{9}\times7=63$ |
| $\boxed{9}\times8=72$ |
| $\boxed{9}\times9=81$ |

63단계 ▸▸ 143쪽

① 2　② 8　③ 9　④ 3　⑤ 4
⑥ 4　⑦ 5　⑧ 4　⑨ 6　⑩ 6
⑪ 7　⑫ 7　⑬ 9　⑭ 8　⑮ 3
⑯ 6　⑰ 9　⑱ 9

64단계 ▸▸ 144쪽

① 6　② 9　③ 6　④ 7　⑤ 5
⑥ 6　⑦ 4　⑧ 7　⑨ 7　⑩ 7
⑪ 2　⑫ 5　⑬ 6　⑭ 4　⑮ 7
⑯ 6　⑰ 9　⑱ 8

64단계 ▸▸ 145쪽

① 9　② 9　③ 9　④ 0　⑤ 7
⑥ 8　⑦ 8　⑧ 6　⑨ 6　⑩ 4
⑪ 6　⑫ 8　⑬ 7　⑭ 6　⑮ 0
⑯ 9　⑰ 1　⑱ 7

65단계 ▸▸ 146쪽

① 45개　② 32개

풀이 ① $5\times9=45$(개)
② $8\times4=32$(개)

65단계 ▸▸ 147쪽

① 14개　② 4송이

풀이 ① $2\times7=14$(개)
② $8\times\square=32$, $\square=4$

66단계 ▸▸ 148쪽

① 28줄　② 22줄

풀이 ① $4\times7=28$(줄)
② 해금의 줄 : $2\times5=10$(줄),
거문고의 줄 : $6\times2=12$(줄)
해금과 거문고의 줄의 합 : $10+12=22$(줄)

66단계 ▸▸ 149쪽

① 45개　② 8줄

풀이 ① $9\times5=45$(개)
② $5\times\square=40$, $\square=8$

67단계 ▸▸ 150쪽

① 72명　② 축구팀

풀이 ① $9\times8=72$(명)
② 핸드볼팀 : $5\times8=40$(개),
축구팀 : $7\times6=42$(개)

67단계 ▸▸ 151쪽

① 14개　② 56봉지

풀이 ① $2\times7=14$(개)
② 젤리 : $8\times4=32$(봉지),
사탕 : $3\times8=24$(봉지)
젤리와 사탕 봉지의 합 : $32+24=56$(봉지)

## 초등 수학 공부, 이렇게 하면 효과적!

# “펑펑 내려야 눈이 쌓이듯 공부도 집중해야 실력이 쌓인다!”

### 학교 다닐 때는? 학기별 연산책 ‘바빠 교과서 연산’

‘바빠 교과서 연산’부터 시작하세요. 학기별 진도에 딱 맞춘 쉬운 연산 책이니까요! 방학 동안 다음 학기 선행을 준비할 때도 ‘바빠 교과서 연산’으로 시작하세요! 교과서 순서대로 빠르게 공부할 수 있어, 첫 번째 수학 책으로 추천합니다.

### 시험이나 서술형 대비는? ‘나 혼자 푼다! 수학 문장제’

학교 시험을 대비하고 싶다면 ‘나 혼자 푼다! 수학 문장제’로 공부하세요. 너무 어렵지도 쉽지도 않은 딱 적당한 난이도로, 빈칸을 채우면 풀이 과정이 완성됩니다! 막막하지 않아요~ 요즘 학교 시험 풀이 과정을 손쉽게 연습할 수 있습니다.

### 방학 때는? 10일 완성 영역별 연산책 ‘바빠 연산법’

내가 부족한 영역만 골라 보충할 수 있어요! 예를 들어 4학년인데 나눗셈이 어렵다면 나눗셈만, 분수가 어렵다면 분수만 골라 훈련하세요. 방학 때나 학습 결손이 생겼을 때, 취약한 연산 구멍을 빠르게 메꿀수 있어요!

바빠 연산 영역:

덧셈, 뺄셈, 구구단, 시계와 시간, 길이와 시간 계산, 곱셈, 나눗셈, 약수와 배수, 분수, 소수, 자연수의 혼합 계산, 분수와 소수의 혼합 계산, 평면도형 계산, 입체도형 계산, 비와 비례, 방정식, 확률과 통계

# 바빠 시리즈 초등 학년별 추천 도서

| 학년 | 학기별 연산책 바빠 교과서 연산<br>학기 중, 선행용으로 추천! | 나 혼자 푼다! 수학 문장제<br>학교 시험 서술형 완벽 대비! |
| --- | --- | --- |
| 1학년 | ·바쁜 1학년을 위한 빠른 **교과서 연산 1-1**<br>·바쁜 1학년을 위한 빠른 **교과서 연산 1-2** | ·나 혼자 푼다! **수학 문장제 1-1**<br>·나 혼자 푼다! **수학 문장제 1-2** |
| 2학년 | ·바쁜 2학년을 위한 빠른 **교과서 연산 2-1**<br>·바쁜 2학년을 위한 빠른 **교과서 연산 2-2** | ·나 혼자 푼다! **수학 문장제 2-1**<br>·나 혼자 푼다! **수학 문장제 2-2** |
| 3학년 | ·바쁜 3학년을 위한 빠른 **교과서 연산 3-1**<br>·바쁜 3학년을 위한 빠른 **교과서 연산 3-2** | ·나 혼자 푼다! **수학 문장제 3-1**<br>·나 혼자 푼다! **수학 문장제 3-2** |
| 4학년 | ·바쁜 4학년을 위한 빠른 **교과서 연산 4-1**<br>·바쁜 4학년을 위한 빠른 **교과서 연산 4-2** | ·나 혼자 푼다! **수학 문장제 4-1**<br>·나 혼자 푼다! **수학 문장제 4-2** |
| 5학년 | ·바쁜 5학년을 위한 빠른 **교과서 연산 5-1**<br>·바쁜 5학년을 위한 빠른 **교과서 연산 5-2** | ·나 혼자 푼다! **수학 문장제 5-1**<br>·나 혼자 푼다! **수학 문장제 5-2** |
| 6학년 | ·바쁜 6학년을 위한 빠른 **교과서 연산 6-1**<br>·바쁜 6학년을 위한 빠른 **교과서 연산 6-2** | ·나 혼자 푼다! **수학 문장제 6-1**<br>·나 혼자 푼다! **수학 문장제 6-2** |